十万个为什么 100000 WHYS

驯化的力量

少年科学馆

冉 浩 著

少年儿童出版社

作者简介

冉浩，动物学者，作家，广西师范大学珍稀濒危动植物生态与环境保护省部共建教育部重点实验室客座研究员，华南农业大学红火蚁研究中心客座研究员，中国科学院昆明动物研究所生物多样性基因组学课题组成员、专家顾问，河北保定满城中学生物教师，中国科普作家协会会员，研究方向为社会生物学和古生物学。

已合作发表 SCI 论文（科学引文索引）20 余篇，科学类 CN（国内公开发行）期刊文章近千篇，出版图书 20 余册，如《蚂蚁之美》《动物王朝》《寂静的微世界》《诡异的进化》《非主流恐龙记》《发现昆虫》等。《蚂蚁之美》获国家图书馆第十届文津图书奖推荐图书，2016 国家新闻出版广电总局向全国青少年推荐百种优秀出版物，第六届“少年中国”科技少年应读作品。《动物王朝》获 2021 年文津奖推荐图书，2020 年度中华优秀科普图书。2017 年，《琥珀里的恐龙尾巴》一文入选全国成人高考语文卷阅读材料。

图片来源

维基百科、视觉中国

序

长久以来，我们都在思考一个问题，我们智人的整个种群是如何在残酷的自然选择中崛起，并变得如此兴盛的？在整个生物圈漫长的历史中，尚不曾有其他任何一个单一物种达到了我们今天这样的程度，我们自命不凡、影响深远，且无可匹敌。

毫无疑问，我们有很多公认的优势，比如演化得不错的脑子和灵活的双手，以及在此基础上获得的制造和使用工具的能力，等等。然而，其中还有一个非常重要的原因，驯化。甚至在某种程度上来说，驯化行为的出现推动了人类社会的发展，而人类文明在很大程度上是基于驯化之上的——栽培作物的出现奠定了农业的基础，并催生出了村庄，后者则是城镇乃至更大规模社会组织的基础；而驯化动物则是畜牧业的前提。正是基于驯化，我们获得了食物、衣物，乃至各种生活用度。也正是因为如此，我们得以从其他的物种上取长补短，并借此获得了巨大的生存优势。

我们是在这个星球历史上已知的驯化物种最多的生物。驯化，与我们的生活息息相关。在这本书里，尽管我介绍了很多驯化物种和它们的历史，然而，还有大量的物种被遗漏了。只要你去菜市场稍微转一转，就会发现还有如此多的物种没有被提及，而物种之下所涉及的品种，那就更是不计其数。这本书只是挑挑拣拣，揭示出其中的冰山一角罢了。

饶是如此，这也使得本书的工作量相当之大，尤其是对其历史和年代的考证。很多事情已经太过久远，几乎被历史的迷雾所完全遮掩。不同的记载和资料说法也并不相同。我只能挑选其中比较主流的说法或者是近期比较有说服力的发现。也正是因为如此，这些数据未必一定就是真相，只能说眼下认为是比较贴近真相的。在这个科学快速发展的时代，它们有可能随着我们认识的更新而被推翻。未来如果有新的发现或者更具说服力的证据，还请以最新的说法为准。同样，尽管从作者到编辑都努力呈现一本靠谱的读物，但是限于个人能力和出版的复杂性，疏漏和错误在所难免，希望读者都够不吝指正、及时反馈给我（ranh@vip.163.com）或出版社。

最后，开卷有益，如果你能通过这本书有所收获，那将是我的荣幸。祝您阅读愉快！

2022年11月于河北保定

目录

原野呼唤 1

家禽与鱼 16

作物旅行 24

水果奇缘 42

驯化漫谈 54

人类驯化的第一种动物是什么? 2

猫是怎样被驯化的? 4

马就是用来骑的吗? 6

家猪的祖先是谁? 8

我们驯化了哪些牛? 10

怎样区分绵羊和山羊? 12

为什么小白兔的眼睛是红色的? 14

人类驯化的第一种动物是什么？

几乎可以肯定，人类驯化的第一种动物是狗。它们很可能是在 1.7 万年前到 1.3 万年前驯化成功的。由于时间过于久远，它们最早驯化的地点仍有颇多争论。

狗
学　　名： *Canis lupus familiaris*
分　　类： 哺乳纲 食肉目 犬科 犬属
祖　　先： 灰狼
驯化时间： 早于 1.3 万年前
驯化中心： 存疑

狗的祖先是谁？

考古学和分子生物学的证据都显示，狗的祖先是狼——就是想吃掉小红帽的大灰狼。由于狼在欧亚大陆分布广泛，它们应该是我们的祖先接触的最多的食肉动物。很多古文明中都有关于狼的文化，这证明了它们和人的互动在很久以前就发生了。狼的社会性本能也使得它们的驯化变得轻而易举。

冷知识

狗是二色视觉动物，它们无法区分红色和绿色。

狗的汗腺基本都分布在脚掌上。

狼和狗的最大区别是什么？

狼向狗发生转变的一个关键性事件是消化能力的改变——狗能够消化淀粉，可以吃粮食，而狼只能吃肉。目前已经很难确定这个突变是在驯化前还是驯化后产生的了。

2016 年的研究认为，现代家犬有可能经过两次驯化才形成，其间发生过中断

世界上有多少不同品种的狗？

当代狗的品种非常多样，大约有 400 个。其中，大部分是在 19 世纪以后才被选育出来的。

狗的用途有很多：观赏、导盲、护卫、缉毒等

谁最早驯化了狗？

欧亚大陆是狗最早被驯化的地方，欧洲、亚洲西南部和东亚都可能是狗被驯化的地区。狗有可能是在这些地方独立驯化的，也有可能是在某一个地方驯化然后又扩散到这些地方，然后各自独立发展了一段时间，后来又发生了多次杂交。

这类混种犬比纯种犬的体质好，寿命也长一些

血猎犬有 1.25 亿个嗅细胞，狐猎犬有 1.47 亿个，而德国牧羊犬的则高达 2.20 亿个。

狗的鼻子有多灵？

狗是一类嗅觉感知型动物。与我们那娇小的鼻腔里仅有的500万个嗅细胞相比，狗的嗅细胞要多得多，且至少是我们的数十倍。

分布嗅细胞的鼻腔黏膜的面积，人和狗也完全不在一个档次上：人的大约只有 5 平方厘米；狗不仅鼻腔大，里面的褶皱也多，如德国牧羊犬的鼻腔褶皱展开面积大约有 150 平方厘米。

狗的大脑中，用于分析气味的嗅球占了总重量的 1/8——比人类大脑中嗅球所占的比例（0.1%）大多了。它们还演化出了专门的“嗅呼吸”：短时间内急促地呼吸，每分钟可以达到 300 次，这使鼻腔的嗅黏膜能从大量的气体中过滤到它们感兴趣的气味。所以，当你家的狗围着你呼哧呼哧喘粗气的时候，它大概正想从你那闻到点啥有意思的东西呢。

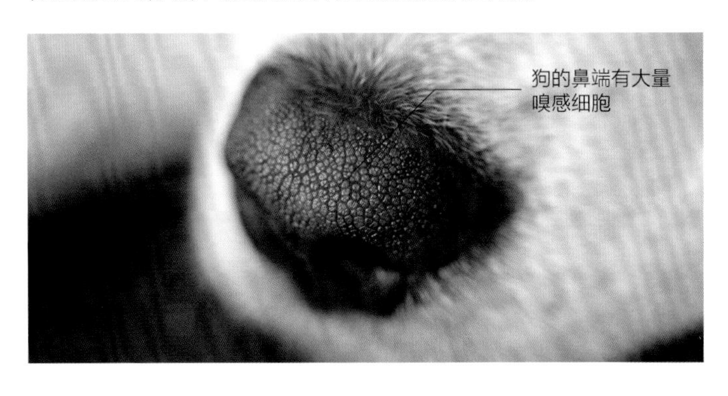

猫是怎样被驯化的？

猫具有独行侠般的性格，而它们却被人类驯化了，此事显得极为诡异。猫是人类驯化的唯一一种没有社会观念的动物。长期以来，猫进入人类社会的原因也让人非常困惑。猫肉少而且不太好吃，还没什么劳动能力，而且更糟糕的是它们几乎只吃肉，对人的态度也比较冷淡——怎么看也不像一个理想的驯化对象。

猫的平均寿命为 *9~15* 年。
最长寿的一只猫叫“奶油泡芙”，它活到了 *38* 岁。

瞳孔大小随光线调节，可以在黑暗中看清物体

胡须可以用来测量空间、判断距离

猫是如何与人相遇的？

你可能觉得人类养了猫来捉老鼠。其实，情况很可能正好相反，不是我们驯化了猫，而是猫咪不请自来“征服”了人类……

一万多年前，人们聚集成村落，开始储存粮食。此时，家鼠演化了出来。家鼠生活在人类村落中，并在那里打洞筑巢，而大批的鼠类对野猫具有极大的诱惑，它们很可能就此被吸引到人类村落。人们在发现野猫会捕食蛇和鼠时，还会鼓励这些行为，甚至开始饲养猫。

中国人什么时候开始养猫？

2013 年，中国科学家胡耀武等的论文在著名的《美国科学院院刊》杂志发表。他们在论文中介绍了在陕西仰韶文化遗址发现的家猫尸骸，距今约 5000 年。最具有说服力的是，其中一只猫的分析表明，它食物中的肉类比例远小于预期，而是吃了不少粮食——作为一个卓越的猎手，猫可没能力和兴趣长期盗取粮食，这些食物很可能是人喂的。不过，这仍需要更多的证据才能得出结论。

猫总是喵喵叫吗？
在不同的情况下，猫会发出不同的声音，比如打架时的吼叫声，烦躁时的呜呜声，发起攻击前的嘶嘶声。

猫一次能生多少只幼崽？
一般来说，正常的猫咪一次能产1~8只幼崽，但4~6只最为常见。

无毛猫怕冷吗？
无毛猫又叫斯芬克斯猫，是人工繁育出来的一个品种。无毛猫非常怕冷，耐寒性较差。

猫是如何占据我们的星球的？

科学家设想了猫在地球上的传播路线：大约到了 3700 年前，猫在中东地区可能已经非常常见了。大约 100 年后，猫传到了埃及。在距今约 2000 年前的时候已经辐射到了包括中国在内的欧亚大陆东西两端。而猫登上美洲和澳大利亚，则是随着殖民者在距今 500~400 年前完成的。

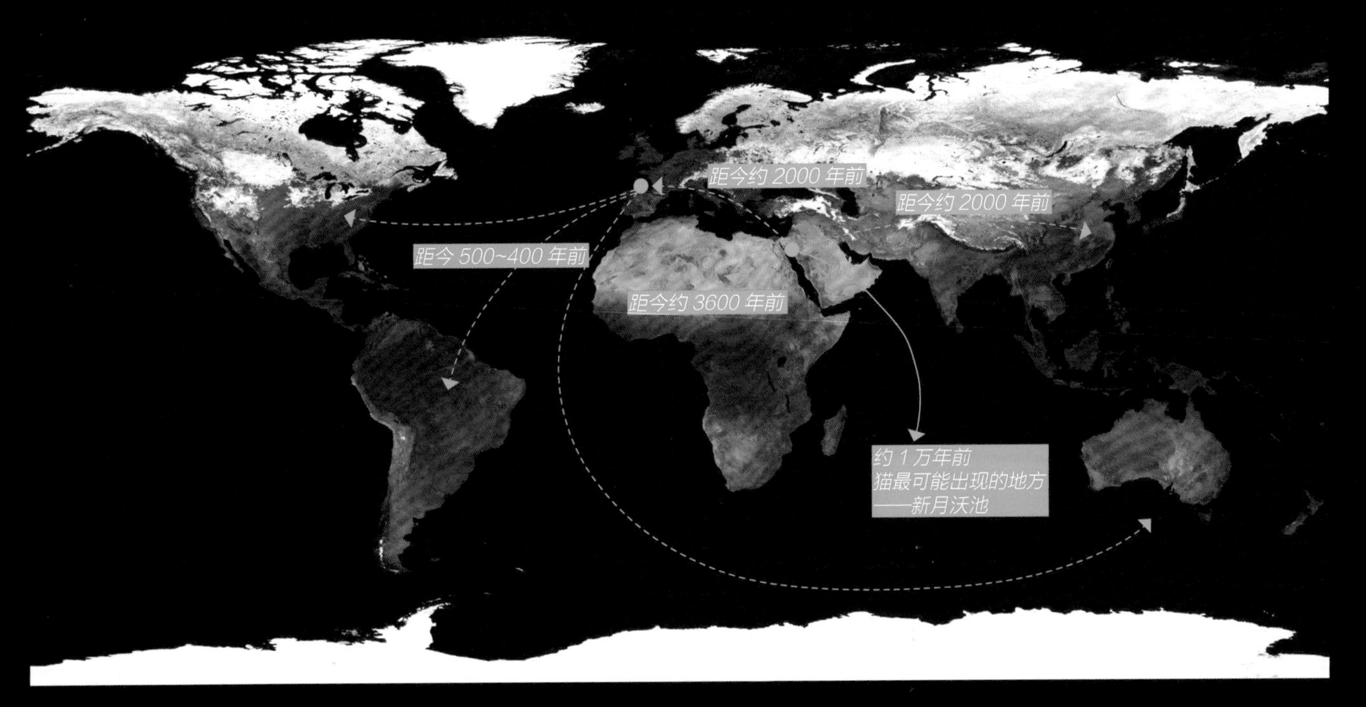

家猫	
学　　名：	*Felis catus*
分　　类：	哺乳纲 食肉目 猫科 猫属
祖　　先：	非洲野猫
驯化时间：	存疑
驯化中心：	存疑

谁最早驯化了猫？

那么，是谁在哪最先抵御不了诱惑，把野猫抱回家的呢？过去，人们一直认为是大约 3600 年前的埃及人。但是，近年来的研究改变了这一看法。

科学家收集了 979 份来自家猫和野猫的 DNA 样本，对其进行了遗传分析。结果显示，家猫的祖先可能是来自中东地区的非洲野猫亚种。

猫的鼻腔内有 2 亿个嗅觉感受器，它们的嗅觉灵敏度是人类的 14 倍。

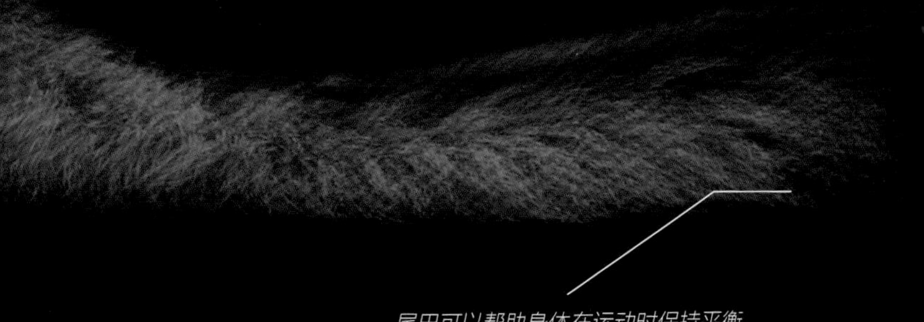

尾巴可以帮助身体在运动时保持平衡

马就是用来骑的吗？

马的力气比人大很多，并且行动速度很快。马可以用来骑乘、耕田、运输等。在古代，人们并不骑马，而是用马拉战车，人站在战车里冲锋陷阵。

从西周时期（公元前 1046—前 771 年）开始，马就已经成为中国运输和军事行动中的重要力量。从那时开始，就有了专门管理马匹的政府机构，并且还建立了驿传制度。

马

学　　名：*Equus ferus caballus*

分　　类：哺乳纲 奇蹄目 马科 马属

祖　　先：欧洲野马

驯化时间：约 7000 年前

驯化中心：欧亚大草原

成年马有 *12* 颗门牙，而人只有 *8* 颗门牙。

秦代兵马俑可以让我们了解那个时代中国战车的样子

骑马需要什么？

马背很滑很硬，人直接骑在上面会滑落或不舒服。大约在公元前 800 年，马鞍在西亚被发明出来，而马镫的出现则更晚。一开始人们只坐马车。有了鞍具，人类才开始骑马。

马鞍能够让人更稳定舒适地骑在马背上

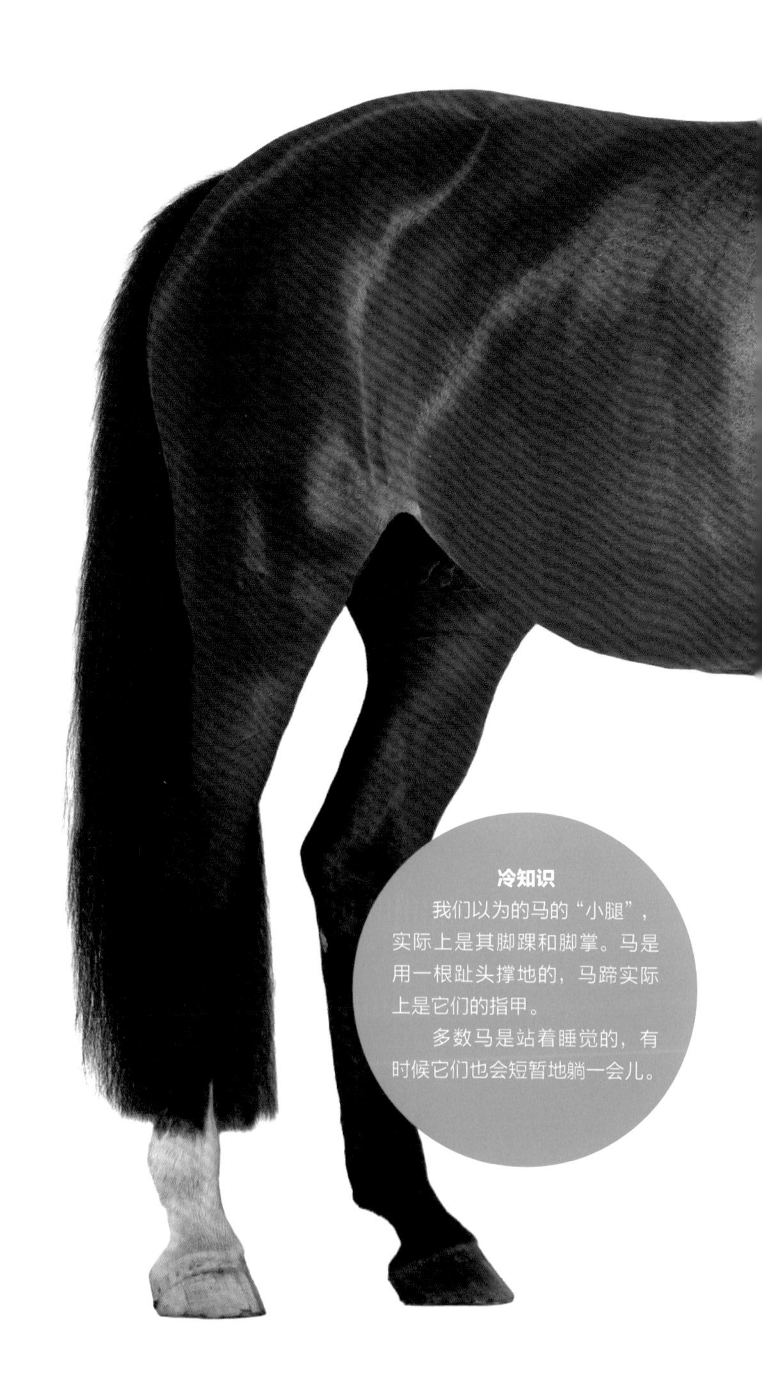

冷知识

我们以为的马的“小腿”，实际上是其脚踝和脚掌。马是用一根趾头撑地的，马蹄实际上是它们的指甲。

多数马是站着睡觉的，有时候它们也会短暂地躺一会儿。

马眼是陆生哺乳动物中较大的

为什么白马不常见？

很多故事里的主角都是骑白马的，童话里救公主的王子骑的是白马，《三国演义》里刘备和赵云骑的也是白马，甚至《西游记》里去取经的唐僧骑的也是白马……

但在现实生活中，白马并不常见。白马毛色浅，需要更多打理，不是普通人家所能供养的。更重要的是，多数马都不是白色的，而是深色的。战场上很少有人真的骑白马——除非为了凸显自己。

白马毛呈白色是相关基因的突变导致的

为什么斑马没有被驯化？

人们没有驯服斑马，一方面是因为人类主要的古文明起源地没有斑马分布，另一方面则是因为斑马不太容易驯化——它们的脾气很暴躁。确实有人尝试过驯服斑马拉车，但它们很容易受惊，并且脖子很硬，不容易控制方向，操控性很差——因此，我们已经驯化出优良的马匹，还驯化斑马做什么呢？

历史上有驯服斑马的案例，但并不普遍

家猪的祖先是谁？

家猪的祖先是野猪。家猪已经没有野猪那么长并且外露的獠牙了，这是人类在驯化猪的过程中多代选育的结果。人工选育，也就是人们有目的地去筛选动物的某些性状，然后加以培养和繁殖，从而使它们朝着人类期望的方向变化。獠牙显然是个极危险又不讨人喜欢的特征，被逐渐筛除掉了。家猪和野猪在外形上也有很大不同，家猪的头颈所占的比重更小，躯干部分所占的比重更大——这都能使我们获得更多的肉。

野猪是杂食性动物，具有一定的攻击性

冷知识

家猪的獠牙还在，你仍可以在家猪的头骨上找到，但它们已经小到不会露出嘴巴了。

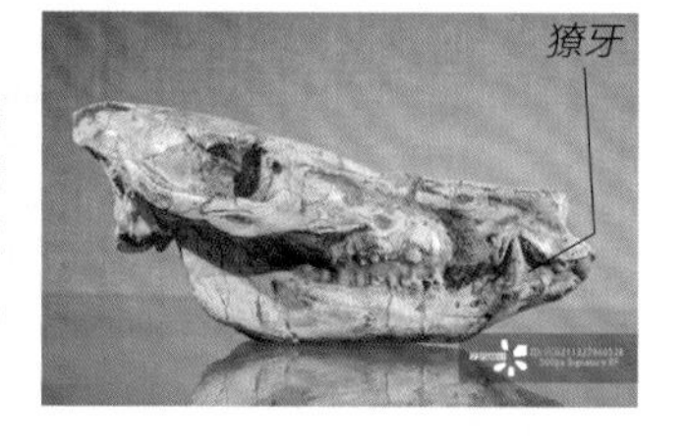

中国人驯化了猪吗？

中国是独立驯化家猪的地方之一，在驯化、改变猪的同时，猪也给中国留下深深的“文化印记”。猪是十二生肖之一，在历史和各种演义故事中，猪的形象曾多次出现，不仅有樊哙啃猪腿、张飞卖猪肉，还有刺秦王的荆轲大快朵颐、唐德宗殿上批文规模养猪、宋代将军宗泽以腌制猪肉劳军催生出金华火腿等。明代的吴承恩在《西游记》中成功塑造了猪八戒的形象。古代科举考试中举的人，都常常被赠予带蹄的猪腿，以取金榜题（蹄）名之意。

猪八戒在中国家喻户晓

冷知识

非洲猪瘟是一种急性、出血性的瘟疫，20 世纪首次在肯尼亚被发现，它会造成家猪短期内大量死亡。

猪是干净、聪明的动物，但因为长期被关在猪圈里，让人们以为它们又脏又笨。

家猪

学　名：*Sus scrofa domestica*
分　类：哺乳纲 偶蹄目 猪科 猪属
祖　先：欧亚野猪
驯化时间：可能早于 1 万年前
驯化中心：新月沃地和黄河流域

家猪从亚洲往哪儿传播

在最初的时间里，新月沃地和中国分别走在驯化家猪的两条路上，中国的传统家猪多为黑色，但肥肉率较高，现在已经不太常见。新月沃地驯化的家猪则传到了欧洲。

猪不会出汗，它们滚上泥浆可以防止晒伤

为什么有各种各样的家猪？

公元 1 世纪以后，两条驯化路线交会了。来自罗马的商人在中国看到了东亚的家猪有些不同于欧洲的家猪。他们将中国的家猪带回，杂交培育出了罗马猪。清朝康熙年间以后，英国的商人在广州看到了一些中国的家猪品种。于是这些猪又被带回了欧洲进行配种，著名的巴克夏猪和大约克夏猪因此而产生。20 世纪 80 年代以后，中外家猪的品系进行了广泛的基因交流，又产生了一大批新品种的猪，这才形成了今天的家猪品系。

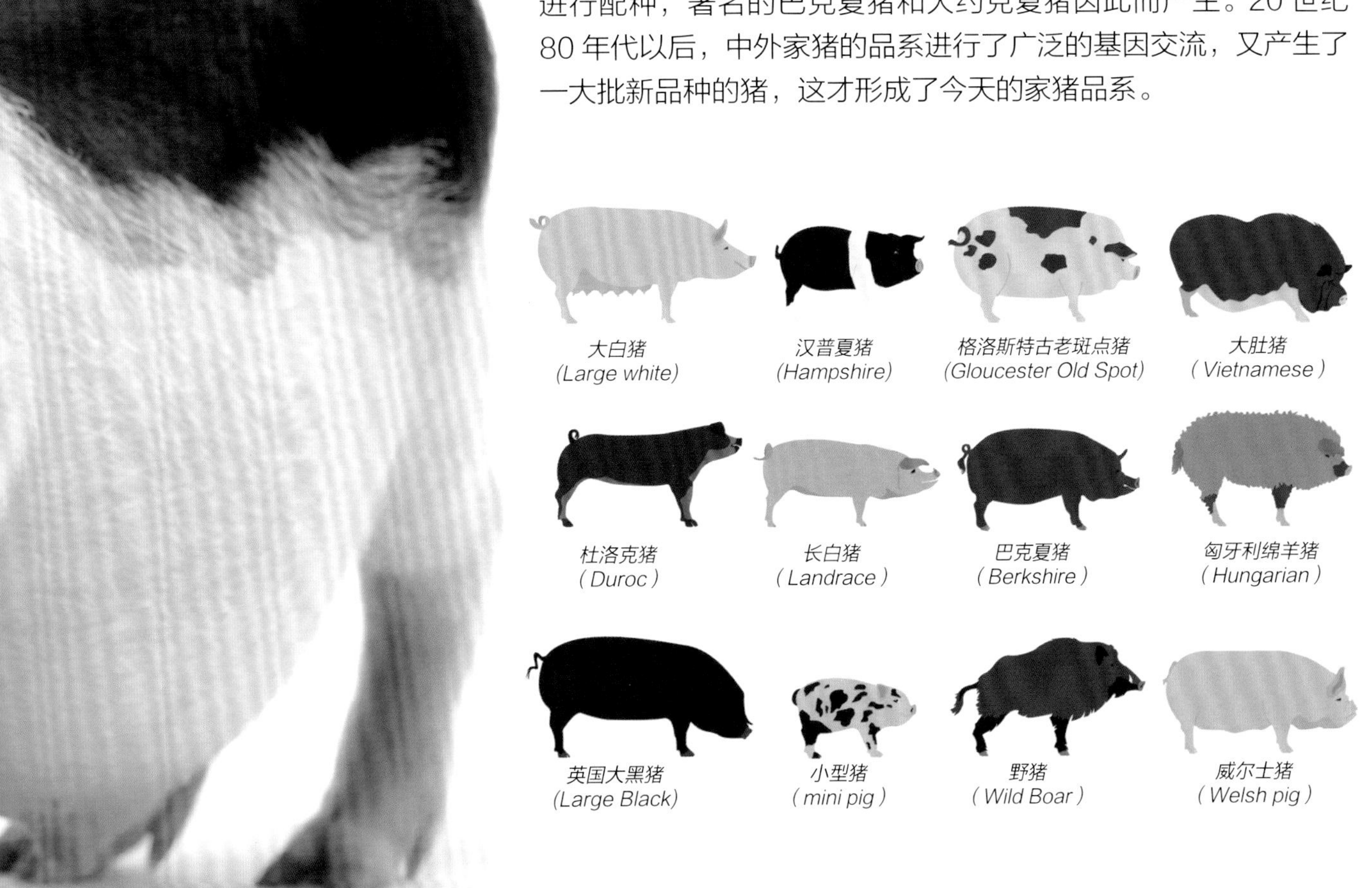

这个世界上，家猪的数量比人类的数量多，超过 100 亿。
目前，全世界范围有超过 400 个品种的猪。

我们驯化了哪些牛?

人类驯化的牛有很多种，比如黄牛、水牛、瘤牛等，但它们并不是由一个物种驯化而来的。

瘤牛约 4000 年前驯化于印度

黄牛的祖先是谁?

普通家养牛分布最广，它们中的一些也被称为黄牛。这类牛的祖先是原牛，它们灭绝了——最后一头野生原牛在 1627 年死于波兰。关于普通家养牛的最初驯化地，中东的新月沃地是最有力的竞争者，开始驯化的时间是距今 1 万多年。

牦牛约 5000 年前驯化于中国西藏

家牛

学　名： *Bos taurus taurus*
分　类： 哺乳纲 偶蹄目 牛科 牛属
祖　先： 原牛
驯化时间： 约 1 万年前
驯化中心： 新月沃地

奶牛都是黑白花色的吗?

所有哺乳期的雌牛都能产奶。只不过黑白花的荷斯坦牛常被用作奶牛品种罢了。当然，这个品种也不只有雌牛，也有不产奶的公牛。事实上，奶牛品种有很多，一些也很常用，如娟珊牛、更赛牛等，它们都没有这种花纹。

水牛的祖先是谁?

中国南方广泛养殖的水牛的祖先是亚洲水牛。野生的亚洲水牛至今还存在，主要分布在南亚和东南亚。目前，亚洲水牛的分类地位存在争议，很多学者认为它们其实包含了河水牛和沼泽水牛两种。

哺乳期的娟珊牛每年可产奶 4 吨

水牛

学　名： *Bubalus bubalis*
分　类： 哺乳纲 偶蹄目 牛科 牛属
祖　先： 亚洲水牛
驯化时间： 约 6000 年前
驯化中心： 中国南方和东南亚

为什么梁山好汉喜欢吃牛？

在《水浒传》里，有一个非常有趣的现象：梁山好汉每每吃肉喝酒展示豪爽的时候，几乎都是在吃牛肉，就连武松打虎前也吃了 4 斤牛肉。这里面有好几个原因。其中一个重要的原因是，古代牛的地位是比较高的，它们是重要的生产工具，要用来耕地，是不能随便杀了吃肉的，否则会有牢狱之灾。通过这些英雄人物吃牛肉可以显露出他们的叛逆形象。

但店家有的卖，却也说明了另一个问题——好汉们其实不够富裕。虽然不让轻易杀牛，但牛病死了，老死了，这肉是可以吃的。作为山野小店，店家能弄到手的牛肉多半也不是什么好牛肉。在宋代，上等肉是羊肉，很贵。相比之下，牛肉就要便宜得多了。老牛肉就浊酒，大概就是梁山好汉们出门在外的真实写照吧！

由于眼睛长在头的两侧，因此家牛有超过310°的视野。

冷知识

红色并不能激怒牛，激怒牛的是斗牛士抖动的布，红色是用来刺激观众的。

牛的体型和力气都很大，不太好控制。但牛鼻子很脆弱，人们往往在牛还是牛犊的时候给它们的鼻子套上铁环，以便于牵引。

家牛的肠道长度为33~63米，其中小肠长27~49米。

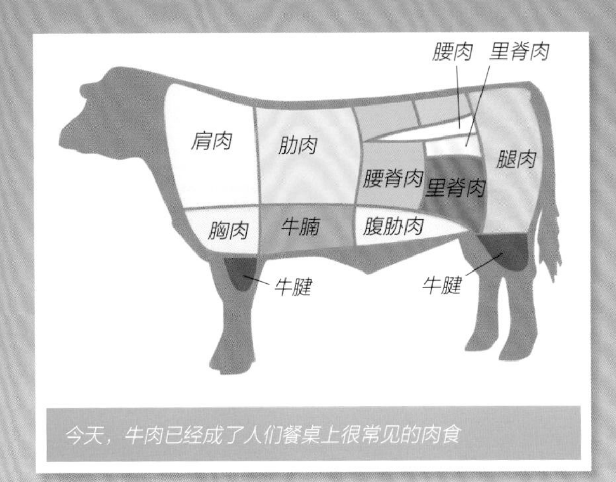

今天，牛肉已经成了人们餐桌上很常见的肉食

怎样区分绵羊和山羊？

虽然绵羊和山羊都是羊，但其实它们是不同的物种。你可以很容易从它们的角上进行区分：山羊角很尖锐但弯曲弧度小，而绵羊无角或具有卷曲呈盘状的角。如果追根溯源的话，山羊驯化自野山羊，绵羊则有东方盘羊的血统。

绵羊
学　　名： *Ovis aries*
分　　类： 哺乳纲 偶蹄目 牛科 盘羊属
祖　　先： 东方盘羊等
驯化时间： 1.3 万到 1.1 万年前
驯化中心： 新月沃地

绵羊和山羊谁先被驯化？

绵羊和山羊最初的驯化都与新月沃地有关，且差不多是同时被驯化的，最初的驯化目的也是为了吃肉、喝奶。距今 8000 年的时候，古代波斯人已经开始从绵羊身上获取羊毛了，在之后的两三千年内，人们逐渐掌握了织毛衣的技术。

羊是集群动物，很适合放牧

为什么山羊能爬上陡峭的山壁？

山羊能在岩壁上行走的秘诀在于它们的蹄子。羊蹄其实是非常适合山地的。羊在攀爬的时候身体重心向前，蹄子就如同一个个楔子，可以轻松地插进山石的缝隙中，帮助它们牢固地锚在山石的表面。它们的攀爬能力真的很强，不仅能上树、爬山，甚至能爬上水库的大坝去吃析出的盐。

冷知识

没有纸的时候，西方人用鞣制的羊皮来记录重要内容，这被称为羊皮卷。

羊毛防水吗?

羊毛上有油脂，羊身体表层规律排列的毛还能够形成导水的结构。因此，在羊不动的时候，雨水只会淋湿羊毛的表面。如果羊跑动起来，羊毛变乱，反而容易吸更多水，恐怕想跑也跑不动了。

罗姆尼绵羊是世界上最著名的绵羊品种

为什么羊休息时嘴巴一直在动?

羊是反刍动物，反刍动物有四个胃。第一个胃叫瘤胃，可以储存食物，也可以将食物返回到口中进行再咀嚼。这样的进食方式有一个好处——可以在有食物的时候，先吃了装进肚子里存起来，等有空的时候再慢慢咀嚼消化。

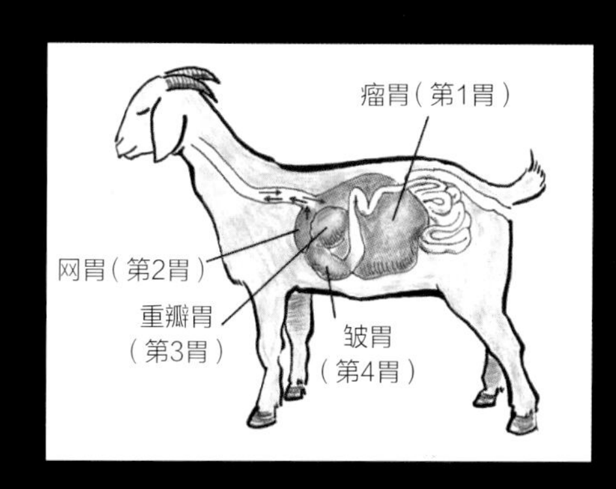

山羊的瞳孔是横着的矩形，这使它们具有320°~340°的视野，不用扭头也能看到身后。

山羊

学　　名：_Capra aegagrus hircus_
分　　类：哺乳纲 偶蹄目 牛科 山羊属
祖　　先：野山羊
驯化时间：1.1 万到 1 万年前
驯化中心：新月沃地

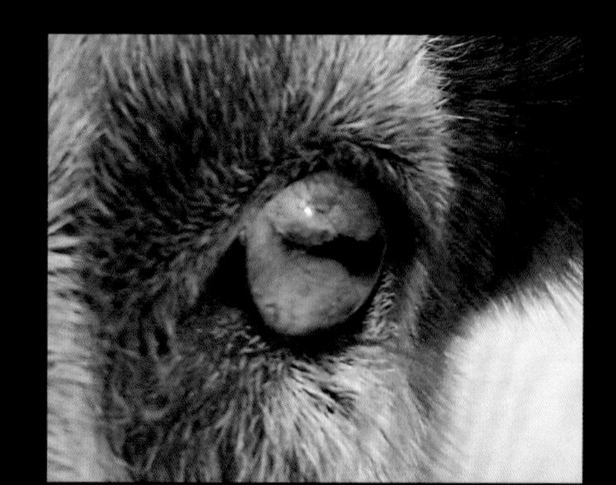

为什么小白兔的眼睛是红色的？

小白兔的眼睛是红色的，北极熊和北极狐的眼睛是黑色的。都是白色的动物，为啥眼睛的颜色差那么多？

实际上，野兔的眼睛也是深色的，红眼睛的只有家兔中的白兔而已。其实，所谓的白兔是得了白化病的兔子，它们的身体中黑色素合成有障碍，所以长出的是白毛。它们的“黑眼睛”也因为没有黑色素的遮挡，露出了红色的毛细血管的颜色。

兔子为什么会吃自己的便便？

植物性食物，特别是青草之类的，是非常难消化的。所以，吃植物的动物都有一个大肚子。肚子里有很复杂的胃和很长的肠子，以便食物在体内停留足够长的时间，可以被充分消化。但是，兔子的消化道很短——食物没有在肠道里停留足够的时间，未被充分消化就已经到了肛门，得拉出来了。

兔子解决这个问题的方法，就是再消化一遍！把拉出来的便便再吃回去。

冷知识

兔子的门牙会不断生长。

兔子的尾巴其实没你想的那么短，抻直了和手机的长度差不多。它们的尾巴平时是收起来的，所以看起来比较短。

穴兔是唯一一种被驯化的兔子

英国迷你垂耳兔

安哥拉兔

家兔后腿肌肉发达，其跳跃速度为15~20米/秒。

家兔
学　名：*Oryctolagus cuniculus domesticus*
分　类：哺乳纲 兔形目 兔科 穴兔属
祖　先：穴兔
驯化时间：存疑
驯化中心：欧洲

为什么兔子会在澳大利亚成灾？

澳大利亚原本没有兔子。一百多年前，人们引进了少量兔子，在没有天敌的国度里，它们竟然繁衍了6亿只后代！在演化程度比较低，只有有袋类哺乳动物的澳大利亚，经历了欧亚大陆激烈竞争的兔子，对澳大利亚本土的动物具有压倒性的竞争优势。这些兔子常常把数万平方千米的植物啃吃精光，导致其他动物面临饥饿。

1938年人们拍摄的澳大利亚兔灾情况

澳大利亚人如何对付兔子？

为了对付兔子，澳大利亚引进了狐狸。但是，很快狐狸也成为了入侵物种。为此，澳大利亚造了属于自己的世界奇观——绵延数千千米的隔离防护篱笆。但是，这项工程最终并没有奏效，除了监视和维护困难以外，最初的设计者忽略了一个非常严重的问题——家兔会打洞。不过，今天，这些透着历史沧桑的篱笆至少可以作为一项旅游资源。后来，澳大利亚使用了病毒武器，终于暂时抑制了兔子种群爆发的迅猛势头。

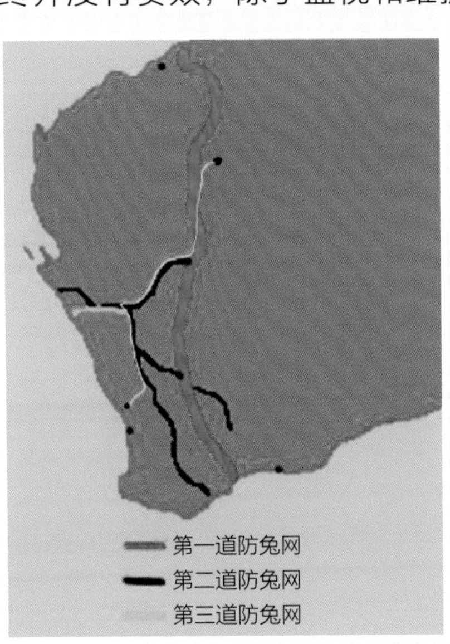

澳大利亚的防兔网

家禽与鱼

锦鲤是鲤鱼吗？ 18
公鸡什么时候打鸣？ 20
鸭和鹅是同一个祖先吗？ 22

锦鲤是鲤鱼吗?

鲤鱼是中国养殖历史最久远的鱼类，其养殖史可上溯到商代。今天，鲤鱼已经有了相当多的品种，其中有不少观赏品种，例如红鲤和锦鲤。红鲤的发源地在中国，而锦鲤则是最近两百年在日本选育成功的品系。

窗花上的鱼是什么鱼?

过年的时候，我们会在门窗的玻璃上贴剪纸。“年年有余”这个剪纸中鱼的形象代表了“余”字。而这条鱼通常就是红鲤鱼。鲤鱼是中国北方餐桌上常见的鱼类，也是饲养规模很大、历史很久远的养殖鱼类。在中国文化中，鲤鱼寓意着吉祥、富足、幸运和勇敢。

鲤鱼为什么不是四大家鱼之一?

尽管鲤鱼在中国的历史久远，文化底蕴雄厚，但人们常说的四大家鱼却是青鱼、草鱼、鲢鱼和鳙鱼，并没有鲤鱼。这事得提到中国历史上一个曾经非常强盛的王朝——唐朝。在唐代以前，鲤鱼的养殖、食用和销售都是比较有规模的。但到了唐代，“鲤”字犯了皇家的李姓。在李家王朝吃鲤鱼，会被视为叛逆。所以，鲤鱼的养殖规模在唐代急剧缩减。而当鲤鱼养殖和食用再度兴起时，四大家鱼的说法已经固定了下来。

鲤鱼喜欢生活在水域的底层

鲤鱼

学　　名： *Cyprinus rubrofuscus*
分　　类： 辐鳍鱼纲 鲤形目 鲤科 鲤属
祖　　先： 野生鲤鱼
驯化时间： 至少 2500 年前
驯化中心： 中国

金鱼

学　　名： *Carassius auratus auratus*
分　　类： 辐鳍鱼纲 鲤形目 鲤科 鲫属
祖　　先： 野生鲫鱼
驯化时间： 至少 2000 年前
驯化中心： 中国

金鱼是由什么鱼驯化而来的？

金鱼的祖先是鲫鱼。就像鲤鱼一样，鲫鱼最开始是被拿来吃的，但也逐渐驯化出了观赏品种。中国是金鱼的故乡，金鱼的驯化已经至少有两千年了。

五颜六色的金鱼是从其貌不扬的鲫鱼驯化而来的

冷知识

多数欧洲人不喜欢吃鲤鱼，但德国人除外。

鲤鱼、鲢鱼等亚洲淡水鱼类在美国大量繁殖，成为了当地的入侵物种。

目前，金鱼的品种超过300个。

金鱼为什么不是金色的？

金鱼刚被培育出来时色彩还比较单一，就是金色的。后来，人们才逐渐驯化出了其他品系。宋代，金鱼逐渐走进寻常百姓家。清代，金鱼的品系和种类更加繁多。此后，随着遗传学理论的传入和指导，通过选育和杂交，金鱼再次扩大了品系，形成了今天色彩多样、造型多变的金鱼。

中国是金鱼的最大出口国，而金鱼最大的进口国则是美国

公鸡什么时候打鸣?

唐代诗人李贺曾有“雄鸡一声天下白”的名句，宋代诗人仇远也有“野僻了无鸡报晓”的感叹。古人很早就认识到，雄鸡会在黎明时啼鸣。

在雉鸡类中，雄鸟清晨啼鸣是一种普遍现象。不同雉鸡类的啼鸣声并不相同，这既是对领地的宣示，也是种间识别的特征。鸡由原鸡驯化而来，打鸣这一行为并没有在驯化的过程中被“删除”。雄鸡啼鸣受到日照和生物钟的影响，通常发生在清晨，但满月时一些敏感的雄鸡偶尔也会因刺激而啼鸣。在战乱时，纷乱的声音和光线也会引起雄鸡啼鸣，因此古代也把“雄鸡夜鸣”作为凶兆。

原鸡

家鸡

学　名：_Gallus gallus domesticus_
分　类：鸟纲 鸡形目 雉科 原鸡属
祖　先：原鸡
驯化时间：约 5000 年前
驯化中心：东南亚及周边地区

地球上的鸡共有约250亿只。

为什么鸡可以天天下蛋?

包括野鸡在内，所有的鸟类都会在繁殖季节（或者叫产卵期）下蛋。一些鸟的产卵期很短，可能只有春季一小段时间，过了繁殖期，就不再产卵了。

已经驯化的鸡鸭等家禽经过很多代的选育，形成了产卵期很长的品系。它们的繁殖季被拉得很长——几乎是整年。所以，大概从 20 周开始，母鸡产下第一枚蛋，然后就进入漫长的繁殖期。

有一些家鸡是专门用来观赏的，例如这种马来西亚育种的玲珑鸡

鸡什么时候孵蛋?

大概窝里凑到 10 个蛋的时候，就有可能诱发母鸡的抱窝行为：不再下蛋，而是开始孵蛋了。然而，养鸡场不会允许这样的事出现。所以，鸡笼有特别的设计，产下的鸡蛋会通过笼子下面的斜面自动滚到外面去，好让人方便地取走。

鸡蛋蛋壳的颜色有很多种，是由鸡体内的色素决定的

冷知识

鸡有精神压力时会掉毛，换季的时候它们也会掉毛。

鸡可以使用多种叫声表达不同的意思。

鸡蛋的哪一头先冒出来?

鸡蛋有两头，一头大，一头小。那么，母鸡下蛋的时候，蛋的哪头先出来呢？还真有人细致研究过，发现大多数情况下都是大头先出的。

不过，对鸡的解剖结果却发现，所有鸡蛋在母鸡体内都是小头最靠近泄殖孔的。也就是说，鸡蛋在生下来的时候大多调转了 180° ，让大头朝外了。只有在少数情况下，不能完成调转，才会小头先出来。大头先出是有好处的，因为只要最初用力，大头先出来，后面就容易了许多。

洛克鸡，一种肉鸡

力康鸡，一种蛋鸡

受精蛋在约 37.8℃情况下，经过 21 天左右就可以孵化出小鸡

现代养鸡场采用孵化器可以进行大批量地孵化

鸭和鹅是同一个祖先吗？

白色的鸭和鹅看起来挺像，但鹅比鸭体型大不少，它们也并非起源自同一种动物。

家鸭的祖先是谁？

家鸭的祖先是河鸭类，它们很可能驯化自绿头鸭或者斑嘴鸭，或者是两者杂交的产物。2016 年，来自中国农业大学的一项分子生物学研究却表明家鸭有可能来自其他河鸭——这一物种与上述两种野鸭具有较近的亲缘关系，可能是一个已经灭绝的物种。

斑嘴鸭

绿头鸭

鹅的祖先是谁?

至于鹅，则是起源自体型更大的雁类，西方用灰雁驯化出了鹅，而中国则是用鸿雁驯化出了鹅。相比之下，中国鹅在喙的基部有一个很大的“额头”，而欧洲鹅看起来更像一只大号的鸭子。如果要体现“曲项向天歌”的意境，欧洲鹅也不太行，因为它们的脖子更粗短一点。不过，近年来因为很多杂交鹅的出现，两者的界限正在变得模糊。

家鸭

学　名： *Anas platyrhynchos domesticus*
分　类： 鸟纲 雁形目 鸭科 鸭属
祖　先： 绿头鸭或其近缘物种
驯化时间： 至少 4000 年前
驯化中心： 中国及东南亚

灰雁

鸿雁

为什么鹅有攻击性?

见过农村散养的鹅的人都知道，它们不好惹。如果太靠近，它们会昂起脖子啄人。鹅的暴力倾向怎么那么强呢？其实散养的公鸡也会追人。因为这些动物是有领地意识的，会驱逐自己“领地”上的人和动物，除非你和它们混得特别熟。

冷知识

鹅和鸭都有高度防水的羽毛，它们尾部的腺体产生的油脂是羽毛防水的关键。

鹅是植食性的动物，它们不喜欢吃鱼虾。

家鸭可以活 5～10 年。

鹅蛋重约 120～170 克，相当于 3 个鸡蛋重。

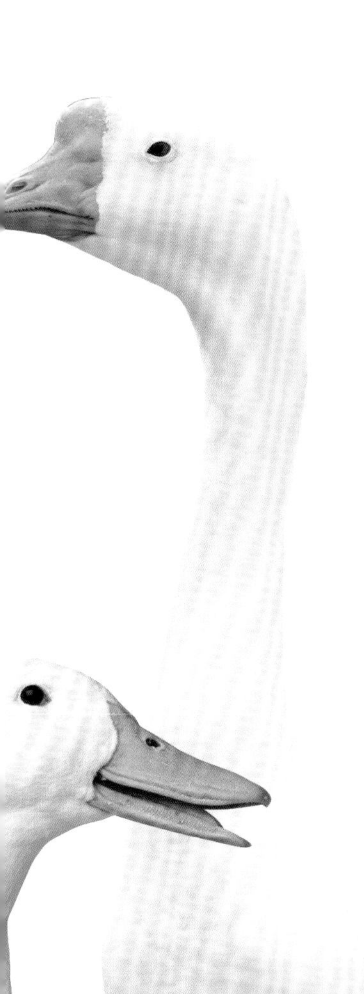

中国鹅	
学　　名：	*Anser cygnoides domesticus*
分　　类：	鸟纲 雁形目 鸭科 雁属
祖　　先：	鸿雁
驯化时间：	至少 3500 年前
驯化中心：	中国

欧洲鹅	
学　　名：	*Anser anser domesticus*
分　　类：	鸟纲 雁形目 鸭科 雁属
祖　　先：	灰雁
驯化时间：	至少 4000 年前
驯化中心：	欧洲

鹅和鸭的脚掌有蹼，适合游泳

鹅的攻击性有多强？

雁类和天鹅，雌雄都会防卫领地。不过，相比这些祖先，鹅的战斗力并不是特别强。鹅被驯化以后已经失去了飞行能力，运动能力和灵活性也大打折扣了。它们也许能战胜小孩子，但不会是准备认真打一架的成年人的对手。但它们在准备打架时，张开翅膀的样子，真的很有气势。

中国鹅

家鸭

为什么鹅肝是一道菜？

古人发现，迁徙的雁肝脏特别鲜美——因为鸟类在迁徙的时候会储存营养，其中相当一部分营养和脂肪储存在肝脏中。大约从古罗马时代，人们就开始给鹅喂无花果，并将肥鹅肝视为美食。随着玉米传入到欧洲，人们发现玉米很容易让鹅增肥。法国人使用鹅肝开发出了一道美食，并且得到了国王的喜爱，鹅肝因此名声大噪，逐渐成为法餐的王牌菜品。

作物旅行

稻子是谁驯化的? 26

豆类是同一个祖先吗? 28

谁种下了第一粒小麦? 30

为什么辣椒辣手而水果不会甜手? 32

为什么新疆盛产棉花? 34

土豆是果实还是根? 36

橡胶可以做什么? 38

玉米的老家在哪里? 40

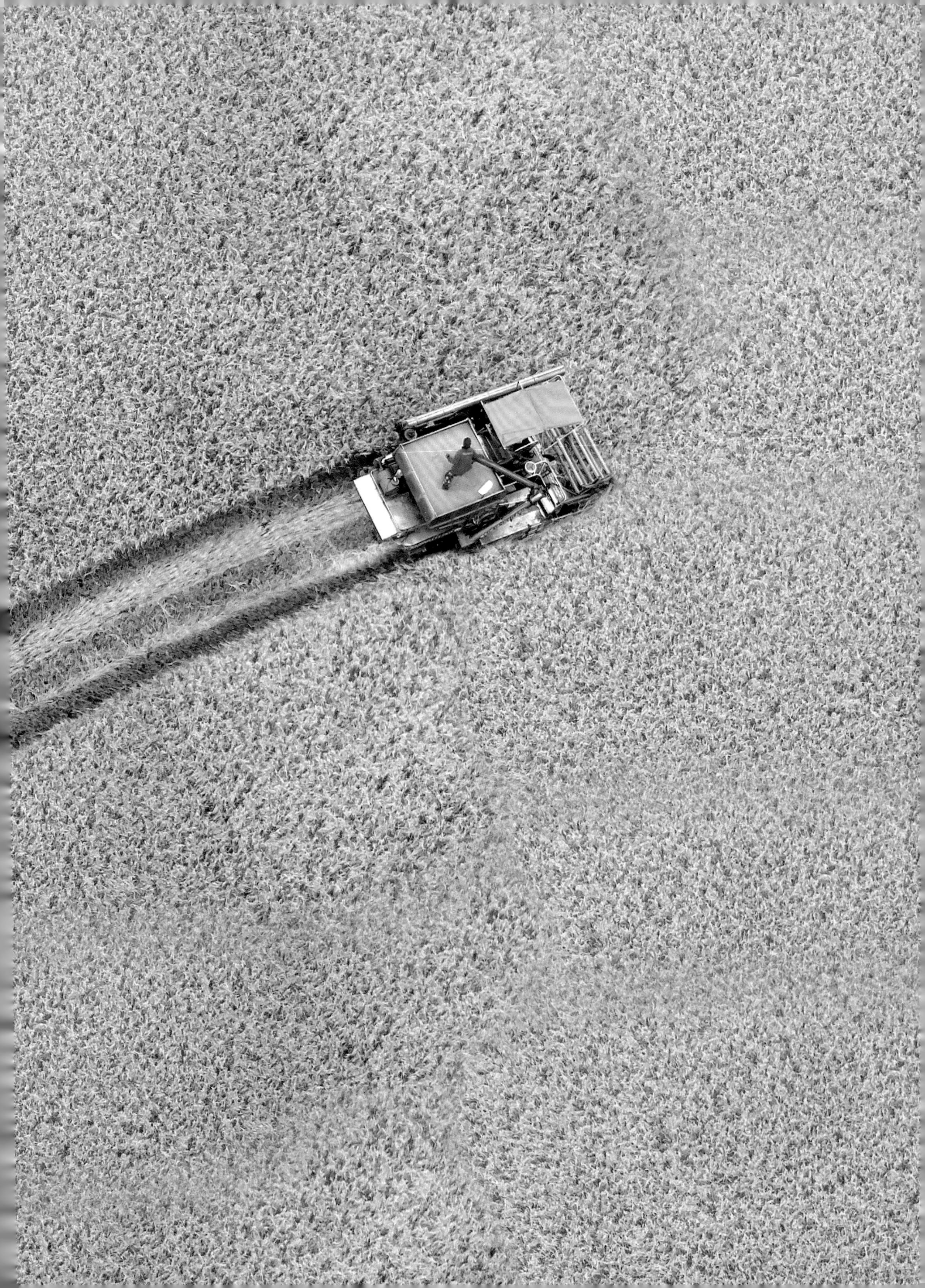

稻子是谁驯化的？

中国是最早驯化稻的地方，已经有1万年左右的历史了。今天的稻米大多数都与中国驯化的稻有渊源。唐代的时候，稻的品种已经有了很大发展，既有较多适应在多雨环境种植的水稻，也有一定量适合在旱地种植的旱稻，大米也已作为非常重要的主粮存在了。

冷知识

古人修建城墙的时候，曾用米饭、沙子和石灰粉搅拌在一起作为黏合剂来粘住城砖。

淘米水可以洗碗——其中的淀粉对油脂有吸附力。

稻子有几种？

在中国驯化水稻数千年后，西非和美洲的居民也曾经用其他野生稻独立培育出了稻。美洲稻早已消亡，非洲稻还尚存于世，是当今世界的两个主要栽培稻之一。非洲稻在非洲的种植面积正在亚洲稻的冲击下逐年减少。

亚洲稻大致可区分为籼稻、粳稻与爪哇稻三个类型

在低纬度种植的籼稻成熟速度很快，2年内可以收获7次。

非洲稻和亚洲稻有什么不同？

非洲稻颜色是偏棕色的，而亚洲稻一般颜色较浅（黑米等特有的稻除外）。相比亚洲稻，非洲稻的籽粒易脱落、坚硬且不易研磨，最重要的是产量不够高——这也是它们逐渐被当地人抛弃的主要原因。

非洲稻

亚洲稻

非洲稻有什么优点？

非洲稻也有优点，比如叶子宽大可以遮蔽杂草，耐受栽培水深变化的能力强，适应贫瘠土壤并且对虫害具有较好的抵抗能力，等等。科学家目前正在尝试将两种水稻杂交，以获得兼具两者优良性状的品种。

西非尼日尔河附近种植的非洲稻

亚洲稻

学　名： *Oryza sativa*
分　类： 单子叶纲 禾本目 禾本科 稻属
祖　先： 普通野生稻
驯化时间： 约 1 万年前
驯化中心： 中国长江流域

非洲稻

学　名： *Oryza glaberrima*
分　类： 单子叶纲 禾本目 禾本科 稻属
祖　先： 短舌野生稻
驯化时间： 4000—2000 年前
驯化中心： 西非

杂交水稻之父袁隆平（1929－2021）在 20 世纪 60~70 年代对杂交水稻品种进行研究，使中国和世界各地的粮食产量大幅增加

为什么杂交水稻能够增产？

人们在选育水稻的时候，往往会选择那些具有人类所需要特性的植株，经过多代选育后，形成特定的品种。但这会丢掉遗传多样性，失去了培育新品种的潜力。

在这种情况下，在栽培稻品系之间或者和野生稻等进行杂交，能让栽培稻获得野生稻的遗传物质，同时也有可能获得野生稻的一些优良性状。然后，再从杂交稻中筛选出高产、优质的植株，培育出能够稳定遗传的新品种。

“锄禾日当午”中锄的是什么植物？

大家应该都读过《悯农》这首诗。“锄禾日当午”中提到的“禾”，很可能说的是稻子中的一类——旱稻。旱稻不需要很多水，除了雨水，只需要少量灌溉即可，是比较适合在降雨量没有那么充沛的地方种植的稻子。

亚洲稻的茎、果实和花

豆类是同一个祖先吗?

豆类是我们生活中常见的食物，有绿豆、红豆、大豆、蚕豆等……种类繁多的豆子祖先各不相同。

大豆最早在哪里出现?

大豆也叫黄豆。中国是大豆的故乡，古时称为“菽”，是五谷之一。商代的甲骨文中就有对大豆的记载，距今 4000 年左右的红山文化遗址中也曾出现过大豆。

大豆不大，为什么叫大豆?

自秦汉以后，大豆这个名字才出现。至于为什么给它们起了“大”字，恐怕已经很难考证。一个比较靠谱的说法是，在古代主要豆类食物中，大豆应该算是比较大颗粒的，比红豆和绿豆都要大。另外，大豆也比野大豆大一些。在驯化的过程中，大豆的颗粒逐渐增大，变化明显，至汉代时，其颗粒大小基本稳定下来。

豆类中含有丰富的赖氨酸，可以和主粮中的氨基酸互补

大豆

学　　名：*Glycine max*

分　　类：双子叶纲 蔷薇目 豆科 大豆属

祖　　先：野大豆

驯化时间：早于 4000 年前

驯化中心：中国黄河中游地区

绿豆

学　　名：*Vigna radiata*

分　　类：双子叶纲 蔷薇目 豆科 豇豆属

祖　　先：野绿豆

驯化时间：可能在约 2000 年前

驯化中心：印度、中国等地均在考虑范围内

全世界有近 *2* 万种豆类。

蚕豆植株最高能长到 *1.8* 米。

为什么豆子的根部有小疙瘩?

如果你把大豆等豆科植物挖出来，很容易会在它们的根上看到一些奇怪的小疙瘩。这些小疙瘩被称为根瘤，是豆科植物能在贫瘠土壤中生存的法宝。在根瘤中，生活着一些被称为根瘤菌的细菌，它们是豆科植物的共生菌。根瘤菌可将空气中的氮气转化成能够被植物吸收的氮。这些氮元素会被植物用来合成氨基酸等营养的物质，以保证植物的茁壮成长。正是因为这个原因，通常豆科植物是不需要施加氮肥的，种植了豆科植物的土壤也会变得肥沃起来。

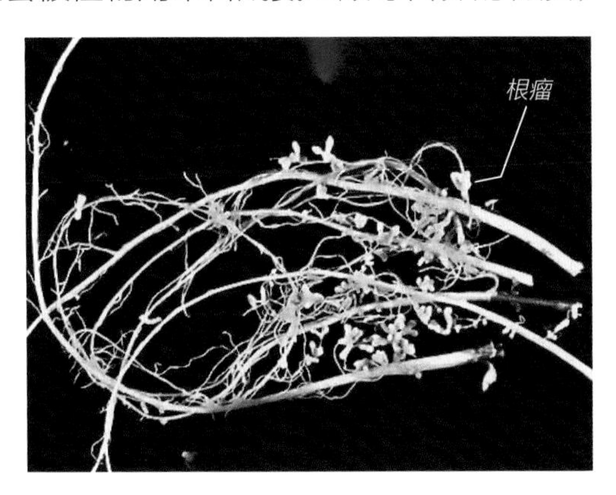

蚕豆
学　　名： *Vicia faba*
分　　类： 双子叶纲 蔷薇目 豆科 野豌豆属
祖　　先： 野蚕豆
驯化时间： 约 5000 年前
驯化中心： 北非和西南亚

为什么绿豆汤煮出来会变红?

绿豆汤怎么煮着煮着就由绿变红了？根据研究，这主要与绿豆中溶解出的多酚类物质有关：它们在空气中会逐渐发生氧化，然后变色。这个过程和切开的苹果肉逐渐变黄是差不多的原理。不过有意思的是，如果用偏酸性的水来煮绿豆汤，它就更耐氧化一些，不容易变红；反之，如果用碱性的水，就更容易变红一些。不过，不管汤是不是变红，其营养和口味都不会有啥变化。

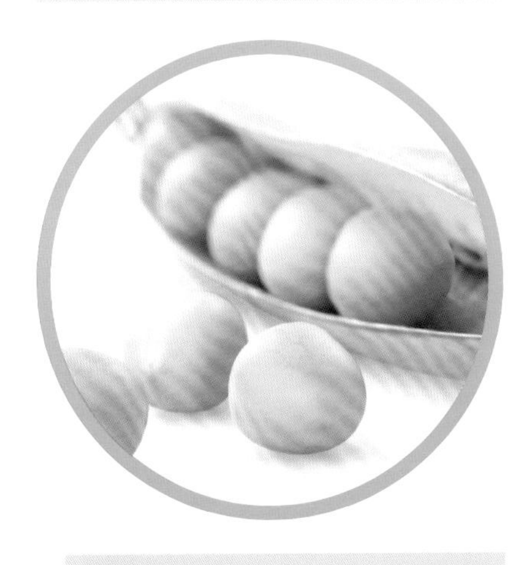

豌豆
学　　名： *Pisum sativum*
分　　类： 双子叶纲 蔷薇目 豆科 豌豆属
祖　　先： 野生豌豆
驯化时间： 9000 年前
驯化中心： 环地中海区域

冷知识

大豆是制作豆腐的主要原料，但日本豆腐多数是用鸡蛋做的，其本质是一种鸡蛋羹或者类似物。

黄豆等生豆中含有皂苷、皂素、胰蛋白酶抑制物和凝血素等有毒物质，但它们都不耐高温，所以制作豆制品都需要充分加热。

谁种下了第一粒小麦？

人类种植小麦的历史可以追溯到约公元前 9000 年的新月沃地。新月沃地位于地中海和波斯湾之间，它呈弯月形，幼发拉底河、底格里斯河与尼罗河分别从这里的东部和西部流过，形成了肥沃平原。这里是人类农业的重要发源地，因为人类的需求和自然条件的许可，才促使多个物种在这里被驯化——除了小麦，还有牛、羊和猪等。

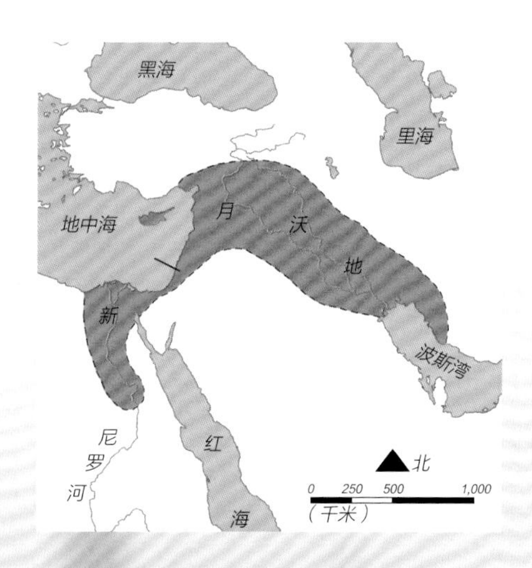

小麦是最早被驯化的作物吗？

人类收获野生小麦的历史能够追溯到 1.9 万年前。直至今天，新月沃地还有野生小麦生长。在距今 1.29 万—1.17 万年前，全球气候骤然变冷，很大程度上摧毁了人类的野外食物来源，加之人口的增加，迫使人们开始种植一些植物作为食物来源。当全球气候再次变得温暖的时候，农业也就借此蓬勃发展了起来。小麦就是最早被种植的植物之一。

生长在大陆性干旱气候区的小麦，麦粒蛋白质含量可达 14%~20%。

山羊草

山羊草是和小麦亲缘关系很近的植物，有时也被分类学家归入小麦类中。它们的学名（*Aegilops*）含有“山羊喜欢”的意思，因此得名。它们是农田里常见的杂草，在农业发展起来之前，古人其实也收获野生山羊草的种子。

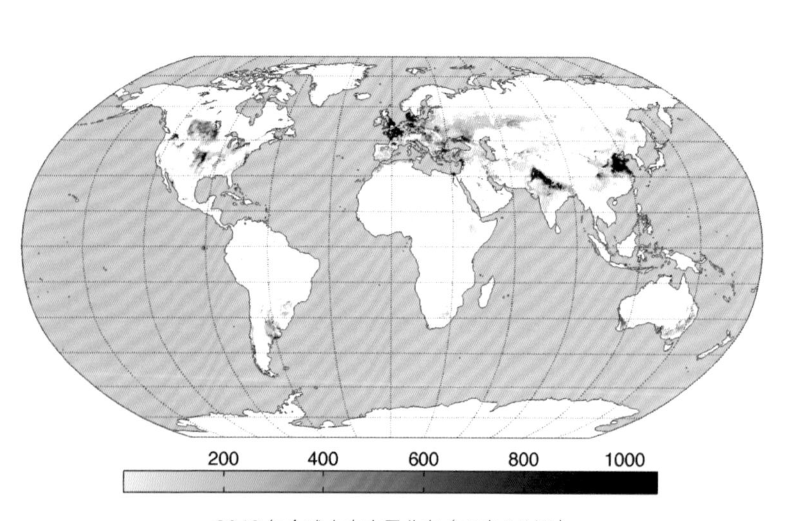

2019 年全球小麦产量分布（千克 / 公顷）

普通小麦

学　　名：*Triticum aestivum*
分　　类：单子叶纲 禾本目 禾本科 小麦属
祖　　先：一粒小麦等
驯化时间：约 1.1 万年前
驯化中心：新月沃地

小麦有几个祖先?

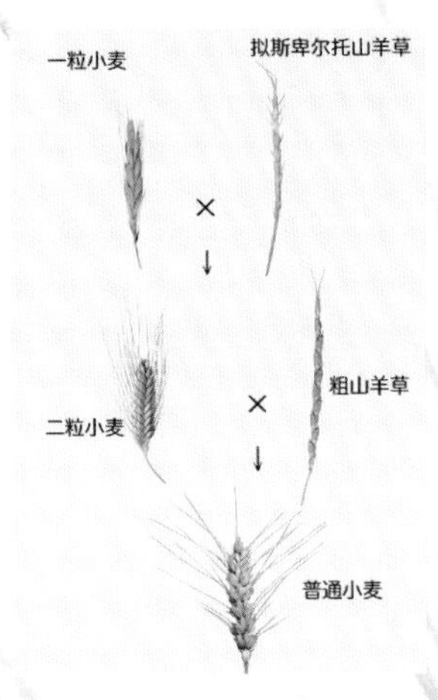

根据染色体分析，现在的小麦其实来源自三个不同的物种，乌拉尔图小麦（一粒小麦）和两种山羊草，这是一个罕见的杂交过程。早期，很可能小麦的先祖一粒小麦附近生活着很多拟斯卑尔托山羊草，这两种植物之间会发生杂交。不过多数时候，由于物种之间的遗传屏障，杂交体并不能繁衍后代。但在几十万年前，有些杂交体可能发生了变异，从而变得可以繁衍，也就是成为了二粒小麦。这些二粒小麦和一粒小麦被古人不断移植，并很快成为了炙手可热的栽培品种。

冬小麦的根系可深达 2 米。

我们吃的是什么小麦?

数千年后，大约在距今 8000 年或者更早的时候，在欧亚大陆的里海附近种植的二粒小麦又遇到了另一种山羊草——粗山羊草，它们再次发生了杂交，出现了适应性更强的栽培小麦。这就是今天的普通小麦或面包小麦，它们占据了当代小麦种植 95% 的份额。此外，二粒小麦也仍然在种植，它们属于硬粒小麦，可用于制作意大利面等食物，也有一定的市场。

冷知识

小麦可以分为两大类：春小麦和冬小麦。春小麦在春季播种，夏季收获；冬小麦在秋季播种，春季收获。

在约 4500 年前，小麦传入了中国，并在商代早期取代了粟成为中原地区种植面积最大的粮食作物。

小麦是当今世界上种植面积最大的谷物，也是贸易量最大的谷物，其产量仅次于玉米。

现代小麦收割都依靠大型收割机

为什么辣椒辣手而水果不会甜手?

辣椒很辣，手上沾了它们的汁水，你也会感觉热乎乎的。既然手能够感觉到辣味，为什么却感觉不到甜味呢?

我们的舌头对食物中的化学物质进行分辨后会产生不同的味觉。这让我们可以大致知道吃进去的东西包括哪些成分。这是演化赋予我们的趋利避害的能力。舌头能通过味蕾感知的基本味觉有酸、甜、苦、咸和鲜。近期，有科学家认为很可能还存在感受脂肪的第六种味觉。但是，这里面并没有辣。

实际上，辣是一种刺激，而不是一种味觉。它的作用对象是痛觉神经。所以，严格来讲，辣是一种痛觉。因此，只要痛觉神经比较敏感的地方，都能够对辣做出反应，比如你的皮肤。

辣椒的老家在哪里?

你看川菜和重庆火锅很辣，可能认为辣椒起源于中国，不过事实并非如此。辣椒的老家在美洲，它们在世界范围内的传播要到中世纪之后。

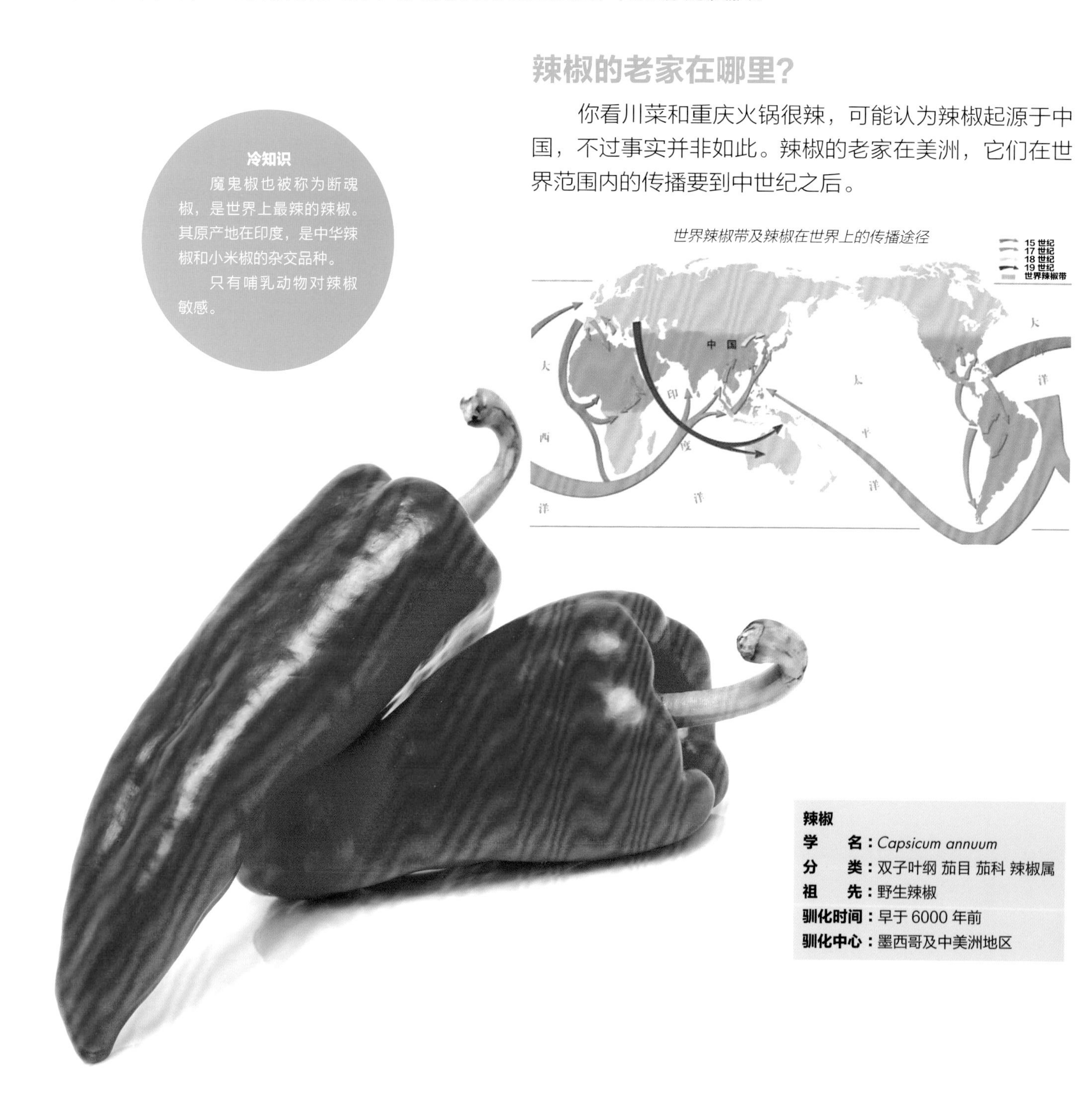

世界辣椒带及辣椒在世界上的传播途径

冷知识

魔鬼椒也被称为断魂椒，是世界上最辣的辣椒。其原产地在印度，是中华辣椒和小米椒的杂交品种。

只有哺乳动物对辣椒敏感。

辣椒

学　　名：Capsicum annuum

分　　类：双子叶纲 茄目 茄科 辣椒属

祖　　先：野生辣椒

驯化时间：早于6000 年前

驯化中心：墨西哥及中美洲地区

辣椒在中国是如何传播的？

辣椒大约在明代时传入中国。最早开始吃辣椒的是长江下游地区，之后逐渐向中上游传播。明末清初，经历了大规模的战乱后四川盆地人口凋零，清政府执行了湖广填四川的移民政策，湖北、湖南等周边省份的人将吃辣椒的习俗带到了四川，最终形成了独特的川菜。

尖椒鸡丁是地道的川菜

尖椒和柿子椒是同一种植物吗？

一般尖椒很辣，但柿子椒却不怎么辣，甚至完全不辣。它们不是同一个栽培品种，但确实是同一个物种——起源相同，都是普通辣椒。不过，别的辣椒就不一定了。

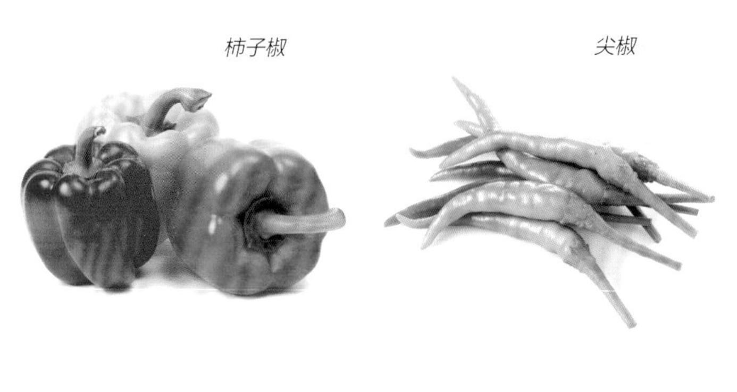
柿子椒　尖椒

卡罗莱纳死神辣椒被认为是世界上最辣的辣椒，其辣度最高为*2 200 000SHU*。

辣椒的辣度用斯科维尔指标（SHU）表示，指标越高则越辣，这是1912年由美国化学家斯科维尔制定的，比如甜椒的辣度为0~5 SHU，朝天椒为30 000~48 000 SHU。

辣椒有多少种？

全世界目前约有数千个辣椒品种，它们并不来自同一个祖先。辣椒的栽培至少涉及了5个物种：辣椒、小米椒、中华辣椒、绒毛辣椒和风铃辣椒。中华辣椒并不是中国本土的辣椒——欧洲人在早期地理探险时犯了错误，把产这种辣椒的美洲大陆当成了中国。

辣椒

绒毛辣椒

风铃辣椒

中华辣椒

小米椒

为什么新疆盛产棉花？

棉花是非常喜欢阳光的作物，阴雨连绵的天气往往会造成其减产和霉烂，新疆干旱的气候和强烈的日照环境很适合棉花生长。同时，来自天山等高山的融水提供了灌溉用水。目前，新疆是中国主要的产棉区。新疆的棉花以陆地棉为主，这种棉花是世界上种植最广泛的品种。此外，新疆还种植了大量的长绒棉。

长绒棉的花

棉花起源于中国吗？

棉花种植已经至少有数千年的历史，不同地区的人们各自培育出了自己的栽培棉花。遗憾的是，没有任何一种栽培棉花起源自中国。所以，很久很久以前，中国古人的冬天可不好过，有钱人家可以向被子里填充丝绸、鸡鸭等禽类的毛，也有直接用兽皮的，穷人就只能往被子里填芦絮、柳絮甚至稻草等，保暖性很差。

有一种被称为木棉的乔木，其果实成熟之后也能产生类似棉花的纤维，但其纤维短且缺乏韧性不适合纺织，用来填充枕头和被子还是可以的。

古代人用来御寒的鸭绒和稻草

棉花什么时候传入中国？

大约在 1000 多年前，亚洲树棉和非洲草棉先后传入中国。目前，栽培棉花的主流是来自美洲大陆的陆地棉和海岛棉，它们是被欧洲人在 15—16 世纪殖民扩张时期带到世界各地的。

陆地棉（细绒棉）

学　名：*Gossypium hirsutum*

分　类：双子叶纲 锦葵目 锦葵科 棉属

祖　先：野生陆地棉

驯化时间：约 5500 年前

驯化中心：中美洲及其附属群岛

海岛棉（长绒棉）

学　名：*Gossypium barbadense*

分　类：双子叶纲 锦葵目 锦葵科 棉属

祖　先：野生海岛棉

驯化时间：早于 4500 年前

驯化中心：南美洲

冷知识

人民币纸张的主要原材料是棉花。

棉花曾经是上海的市花。

如果没有棉花，我们需要今天 5 倍数量的绵羊才能解决穿衣需求。

诸葛亮和刘备都没见过棉花。

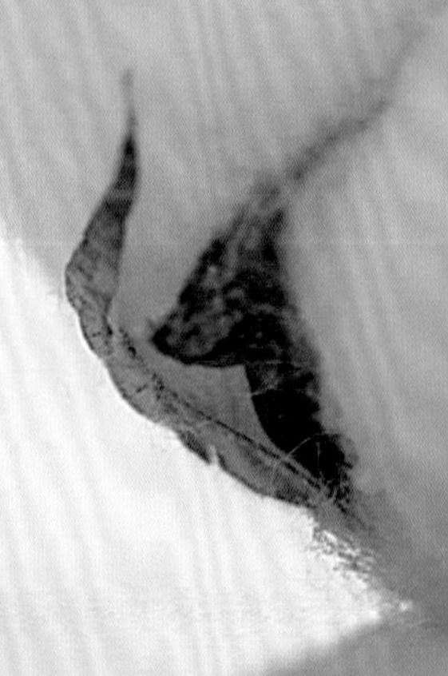

大部分棉花植株高 $1\sim2$ 米，热带地区的棉花可长到 6 米高。
棉花棉球中纤维素含量约 $87\%\sim90\%$。

树棉
学　　名： *Gossypium arboreum*
分　　类： 双子叶纲 锦葵目 锦葵科 棉属
祖　　先： 野生亚洲棉
驯化时间： 早于 7000 年前
驯化中心： 巴基斯坦和印度之间的印度河谷

草棉
学　　名： *Gossypium herbaceum*
分　　类： 双子叶纲 锦葵目 锦葵科 棉属
祖　　先： 野生非洲棉
驯化时间： 早于 4000 年前
驯化中心： 阿拉伯半岛（原产于撒哈拉以南的非洲）

现在，棉花的播种与收割都可由机器来完成

棉花改变了历史吗?

以蒸汽机的发明带动起来的工业革命与棉花有着千丝万缕的联系，英国标志性产业——纺织业的原料就是棉花。不过英国地域狭小，棉花多数来自外国，特别是从美国进口。那时，美国南部的陆地棉种植园大发其财，高峰时，英国 82% 的棉花都来自美国。美国南方的种植园主需要大量的劳动力来种植棉花，这在相当程度上推动了臭名昭著的黑人奴隶贸易，也为后来美国的南北战争埋下了伏笔。

而生产了大量过剩棉制品的英国，则开始向全世界倾销其产品，并对一些落后国家和地区采用了炮舰外交，近代的中国也是受害国。

工业革命开始之初著名的“珍妮”纺织机

土豆是果实还是根?

我们吃的土豆并不是果实也不是根，而是块茎。如果你有机会细细观察整棵土豆的话，就会发现：土豆之间会通过一种白色的匍匐茎相连。有人把这种匍匐茎戏称为土豆的“脐带”。

土豆

学　　名：*Solanum tuberosum*

分　　类：茄目 茄科 茄属

祖　　先：野生土豆

驯化时间：约 1 万—0.7 万年前

驯化中心：美洲安第斯山脉

世界上有 *10* 亿人平均每天吃 *1* 个土豆。

土豆有多少茎?

事实上，土豆茎的种类非常多，除了匍匐茎和块茎外，还有在地面上起到支撑叶子和花的地上茎，有埋在土里的地下茎，后者生根并且和匍匐茎相连，匍匐茎上也能生根。

土豆的老家在哪里?

土豆在贫瘠土地的顽强生存能力和惊人的产量使得它们在美洲老家是作为粮食支柱的，后来被引进到欧洲以后也是如此，尤其是在爱尔兰。土豆在爱尔兰普及的直接结果就是人口迅速增加，从 1660 年到 1841 年的 180 年里，人口增加了 17 倍。

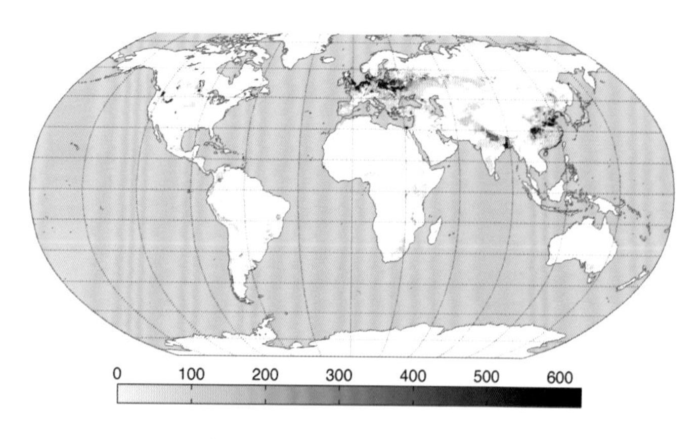

2008 年全世界土豆产量分布图（千克 / 公顷）

冷知识

土豆也被称为马铃薯，它们还有更多的俗名，比如洋芋、薯仔、山药蛋等。这说明它们传播得非常广。

冷知识

欧洲人最初只是把土豆当作盆栽植物，观赏其花朵。

1995 年，土豆被带上太空，成为了在太空中种植的第一种作物。

中国是世界上最大的土豆生产国。

土豆中龙葵素含量一般为30~100毫克 / 千克，通常认为龙葵素含量在200毫克 / 千克以内的土豆在做熟后食用是安全的。

土豆减产也会引起饥荒?

1845 年，一种能够迅速引起土豆发霉、腐烂的真菌开始在爱尔兰小范围出现。在爱尔兰多雨的日子里,这种真菌（来自北美洲）迅速席卷了爱尔兰全境:土壤中的土豆变黑，植株枯萎，土豆饥荒来了。几年里,约 100 万人在饥饿中死去,约 150 万人背井离乡,迁往美洲大陆寻求生计……1851 年饥荒结束后，爱尔兰人口锐减 20%。正所谓“成也土豆,败也土豆”。

被霉菌感染的土豆

为什么发芽的土豆不能吃?

土豆中含有一种叫龙葵素的生物碱，是土豆自身的防卫物质，有毒。因此，土豆是不能生吃的。一般来说，成熟土豆中的龙葵素含量是比较低的，但变绿、发芽的地方含量很高，食用更容易引起中毒。龙葵素不耐热，也能被酸破坏，因此炒制土豆要切丝、切片，以便于热力充分穿透，切块的土豆则更适合炖煮。但龙葵素过高的部分仍有中毒风险,不建议食用。

土豆应该在避光、阴冷、干燥的条件下贮存，以避免其发芽

橡胶可以做什么？

墨西哥特奥蒂瓦坎壁画中和博物馆中的橡胶球

橡胶树的原产地在拉美地区的热带雨林，它们可以长到几十米高，并且可以产胶数十年。中美洲地区的奥尔梅克文明、玛雅文明和阿兹特克文明的人们发现了这种植物的妙用。橡胶树一旦被割开伤口，就会持续流出乳白色的液体，这些液体就是未经加工的天然橡胶。一旦液体橡胶凝固，就会变成具有弹性的固体，也被称为生胶。古玛雅人用它们来防水、制作容器，甚至做成橡胶球等玩具。

三叶橡胶树

学　名： *Hevea brasiliensis*

分　类： 双子叶纲 大戟目 大戟科 橡胶属

祖　先： 三叶橡胶树

驯化时间： 早于 2500 年前

驯化中心： 中美洲

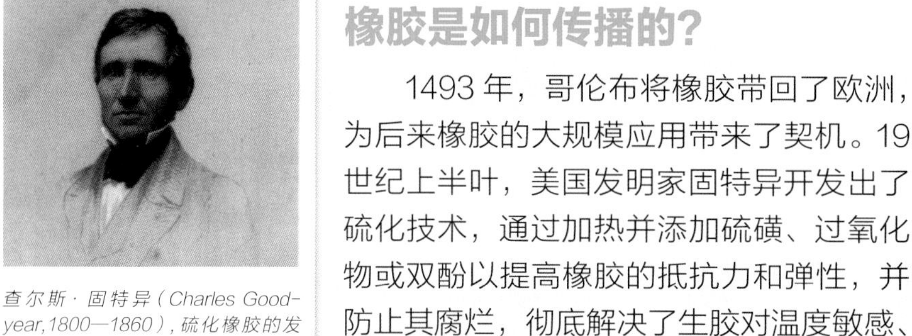

查尔斯·固特异（Charles Goodyear,1800—1860），硫化橡胶的发明者，现在的固特异轮胎就是以他的名字命名的

橡胶是如何传播的？

1493 年，哥伦布将橡胶带回了欧洲，为后来橡胶的大规模应用带来了契机。19 世纪上半叶，美国发明家固特异开发出了硫化技术，通过加热并添加硫磺、过氧化物或双酚以提高橡胶的抵抗力和弹性，并防止其腐烂，彻底解决了生胶对温度敏感、低温变硬高温变软的问题。随后，橡胶得以快速普及。

天然橡胶的密度略小于 1 克 / 立方厘米，比水要轻。

橡胶是如何被收集的？

今天，橡胶树已经被世界各地的热带、亚热带地区引种，种植面积很大。收获橡胶的方法就是在橡胶树上割开一道口子，然后用容器收集滴落的液体——这也被称为割胶。

人工林橡胶树的经济寿命为 32 年左右，其中未成熟期可达 7 年，生产期可达 25 年

泰国、印度尼西亚和马来西亚是最大的天然橡胶生产国

冷知识

英国发明家邓禄普首先想到了给橡胶轮胎注入空气，发明了充气轮胎。

猪的膀胱曾被用作足球的内胆，直到被橡胶代替。

银胶菊和橡胶草也可以用来获取橡胶。

苏联曾用蒲公英提取橡胶以缓解橡胶紧缺的情况。

2020 年，世界天然橡胶总产量约 1278.2 万吨。

天然橡胶和合成橡胶有什么区别?

天然橡胶的产量较低，而且橡胶树的种植受到的地域限制很大，因此其价格较高。这就推动了价格低廉、产量更大的人工合成橡胶类似物的需求。

第一次世界大战时，德国天然橡胶匮乏，为了保证战时需要，使用了二甲基丁二烯聚合而成的甲基橡胶。虽然其性能无法与天然橡胶相比，但这是第一种具有实用价值的合成橡胶。之后，化学家努力提高合成橡胶的品质，发明出了各种产品。你嚼的口香糖多数是合成橡胶制成的。

橡胶的老化是怎么回事?

橡胶虽然具有比较稳定的化学特征，但是其化学结构仍然是可以被逐渐破坏的，受热、阳光照射、氧化、化学品的侵蚀等都可以造成这样的影响。随着这些破坏的发生，橡胶的功能和状态就会受到影响，如开裂、变色、变硬等，甚至变成粉末，完全失去价值。不止天然橡胶如此，合成橡胶也会老化。通过石油化工产出的另一种产品——塑料也具有老化的现象。

1941 年，美国工厂生产的合成橡胶

玉米的老家在哪里?

玉米并不是在欧亚大陆被驯化的，其驯化地在美洲，是由印第安人驯化的。近期的研究认为，最初驯化玉米的地方在墨西哥西南高地的巴尔萨斯河谷附近。野玉米是一种草一样的植物，长有许多茎，上面结着很小并覆盖着硬壳的颗粒，看起来并不像可食用的植物。人们最初是如何想到要驯化玉米的？这还是个谜！

墨西哥国家博物馆中收藏的玛雅时期玉米浮雕

世界上最高产的谷物是哪种?

玉米是世界上产量最高的谷物，中国也有大面积种植，和玉米有关的食物也已经深入到我们生活中的各个角落了。但你也许不知道，其实在中国，玉米种植的历史并不久远。

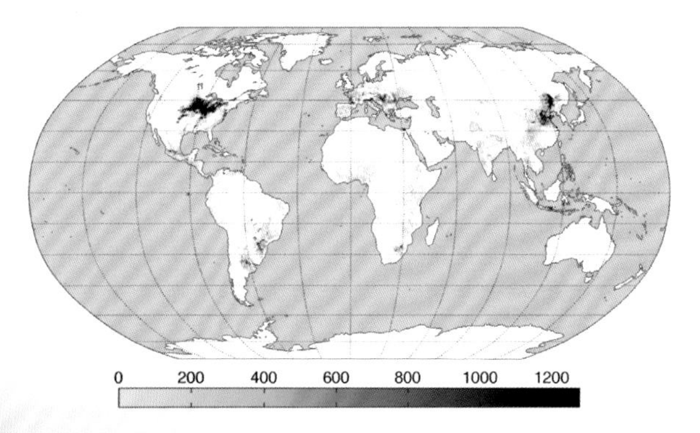

2019 年全世界玉米产量分布（千克 / 公顷）

玉米和其祖先有什么区别?

玉米与其祖先相比，变成了单茎，籽粒也变得柔软，黏性也有所提高，这些特征在很短时间内，就融合到了现生玉米身上——很可能那时的印第安人就已经能对作物进行选育了。

玉米的驯化过程

玉米什么时候传到中国?

15 世纪，西班牙殖民者到达了美洲，玉米才开始被欧亚大陆的人们认识。明代，玉米从欧洲传入中国。在李时珍的《本草纲目》以及更早的一些地方志中，已经有了关于玉米的记载。

冷知识

每一粒玉米都对应着一根须，那是它的花柱和柱头。

玉米可以有很多种不同的颜色，如黑色、紫色、红色、蓝灰色、白色等，一根玉米上的籽粒可以有不同颜色。

玉米上籽粒列数一般是偶数。

一根玉米上平均约有 800 个籽粒。

经人工驯化后，玉米已经拥有了几百个品种

玉米
学　　名：*Zea mays*
分　　类：单子叶纲 禾本目 禾本科 玉蜀黍属
祖　　先：野玉米
驯化时间：9000—7500 年前
驯化中心：中美洲

古人会做爆米花吗?

考古学家在秘鲁北海岸附近发现了距今 6700—3000 年的爆米花和玉米棒残渣。看来，爆米花的历史是和玉米一同相伴的。

什么玉米都可以做爆米花吗?

目前，爆米花常用的是爆裂玉米。和普通玉米相比，爆裂玉米更容易在加热时爆裂，因为其种皮更加坚韧，籽粒中的淀粉排列非常致密，里面很少有空隙——这就好比增加了一个坚硬的外壳，加热以后能够产生更高的压强；一旦水汽压强超过了淀粉之间的黏合力和种皮的张力，爆炸的威力更大，所形成的米花也更加蓬松。

雄花

雌花

玉米是怎样传粉的?

玉米是雌雄异花的植物：雄花在植株的顶部；雌花在叶腋处，呈穗状，被苞叶包裹，雌蕊向外伸出丝状的花柱和柱头。雄花产生的花粉借助风力飘散，花粉量很大，其中一部分幸运的花粉会落到柱头上完成授精作用。

水果奇缘

提子是葡萄吗? 44
西瓜一直这么甜吗? 46
蛇果是苹果吗? 48
桃子上为什么会有毛? 50
荔枝为什么要放在冰里? 52

提子是葡萄吗？

提子当然是葡萄，它们是葡萄中的一个品系，原培育地在美洲。它们被引种到中国，人们借鉴了广东周边地区对葡萄的称谓来称呼它们，以和本土葡萄区分。提子与葡萄，其实与蛇果和苹果、车厘子和樱桃、凤梨和菠萝是一样的，都是对同一种植物的不同品种的称谓。

葡萄在哪里被驯化？

葡萄很可能在距今 8000 至 6000 年前的里海和伊朗之间的外高加索地区被驯化，这一观点得到了考古学和分子生物学的双重支持。之后，葡萄开始向希腊和地中海地区传播，并且在传播过程中不断被选育和杂交，大约在 2800 年前到达西欧地区。

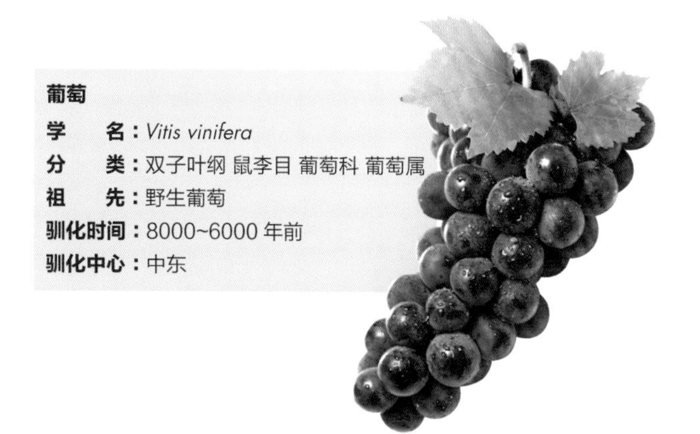

提子常特指皮薄肉硬的葡萄品种

中国古代有葡萄酒吗？

在很多人的印象中，葡萄酒是近代才从西方舶来的饮品，在古代中国，人们并不怎么喝葡萄酒。但是，唐代诗人王翰却有“葡萄美酒夜光杯”，那这是就着葡萄喝米酒吗？虽然可能当时确实没有炸花生米，但是葡萄就酒还是有点画风不对的样子？事实是，那就是葡萄酒，不是葡萄和美酒——唐代的葡萄酒酿造是很发达的。

今天的葡萄酒和古代一样吗？

唐太宗李世民就是带头推广葡萄酒的关键人物，皇家酿好酒后还曾赏赐群臣。在盛唐时代，葡萄酒已经是宴会中常出现的饮品了，李白在《对酒》中也曾用“蒲萄酒，金叵罗”来描写宴席的场景。不过，自唐代国力衰败以后，酿制葡萄酒的情况逐渐少见，等到了金代的元好问那里，已经开始感叹古法失传，“世无此酒矣”。葡萄酒在中国的复兴，要等到唐王朝衰落之后的一千多年后。1894 年，爱国华侨张振勋开办了中国第一家大型葡萄酒酿造企业。

葡萄酒窖

葡萄是一种藤蔓植物

冷知识

中国、美国、意大利、法国和西班牙是葡萄产量最多的五个国家。

猫和狗吃葡萄会引发肾衰竭，甚至死亡。

欧洲常见的酿酒葡萄

生葡萄含有81%的水、18%的碳水化合物、1%的蛋白质

葡萄干是用什么样的葡萄做的？

中国市面上最常见的绿色葡萄干通常是用一个被称为“无核白鸡心”的品种晾制或者烘干制成的。这种葡萄不大，但是含糖量很高，主要产于新疆地区。通常制成葡萄干的葡萄要求皮薄、无核、糖度高。新疆还有一些其他品种的葡萄也会被制成葡萄干，因为品种不同而出现了五颜六色、大大小小的各种葡萄干。事实上，中国九成的葡萄干都产于新疆。那里的昼夜温差大，产出的葡萄特别甜。

西瓜一直这么甜吗？

可以肯定，西瓜的野生祖先是不太好吃的，可能多数都带有苦味。作为葫芦科的植物，它们含有苦味的葫芦素——这是防御虫害的重要化学武器。中国科学家在 2019 年对西瓜的全基因组数据分析后得知，栽培西瓜的祖先很可能是非洲野生的黏籽西瓜——它们不仅有苦味，瓜瓤也是白色的。

西瓜的老家在哪里？

西瓜的栽培至少始于 4000 多年前的非洲东北部地区，如苏丹、埃及等地，最开始的时候人们主要食用瓜籽。到了公元前 13 世纪，西瓜在古埃及地区已经普遍种植，主要的食用部分已经是瓜瓤了。此时，西瓜的品质已经比较稳定，也变得比较可口了。之后，西瓜向全世界扩散，沿着丝绸之路传到中国，首先是新疆，然后是东北，到了南宋时已经传播至中国全境了。

西瓜是葫芦科植物，所以它们也具有和葫芦相似的一些特征，比如有藤蔓

无籽西瓜是怎么来的？

西瓜是草本植物，通常需要靠种子来种植。但是无籽西瓜没有籽，显然不能直接种植，而是每次都要制种。最常见的制种方法是多倍体诱变育种。这种育种方法要先处理母本西瓜植株，让其遗传物质加倍，变成一种四倍体的状态。然后，再用二倍体西瓜，也就是普通西瓜，作为父本进行授粉。这时候，结出的瓜籽是三倍体。三倍体种子种植得到的西瓜种子不发育，也就是结出了无籽西瓜。

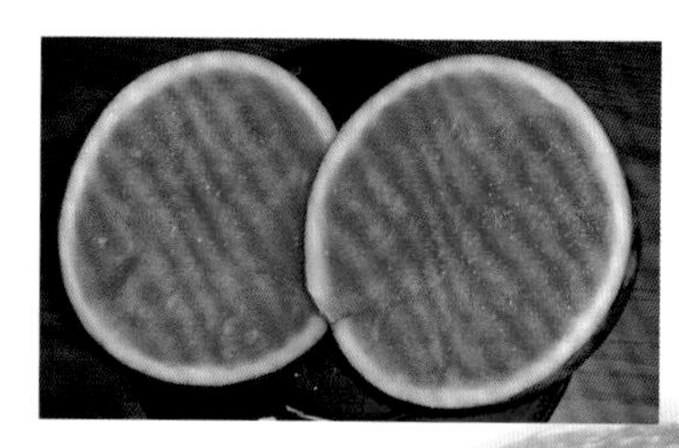

无籽西瓜是由四倍体西瓜和二倍体西瓜繁育而来的

厚皮甜瓜
学　　名：*Cucumis melo* subsp. *melo*
分　　类：双子叶纲 葫芦目 葫芦科 西瓜属
祖　　先：甜瓜
驯化时间：不详
驯化中心：印度

薄皮甜瓜
学　　名：*Cucumis melo* subsp. *agrestis*
分　　类：双子叶纲 葫芦目 葫芦科 西瓜属
祖　　先：甜瓜
驯化时间：不详
驯化中心：印度

栽培西瓜
学　　名：*Citrullus lanatus*
分　　类：双子叶纲 葫芦目 葫芦科 西瓜属
祖　　先：黏籽西瓜
驯化时间：早于 4000 年前
驯化中心：非洲东北部

一个西瓜含有 92% 的水分，是水分比例最高的水果。

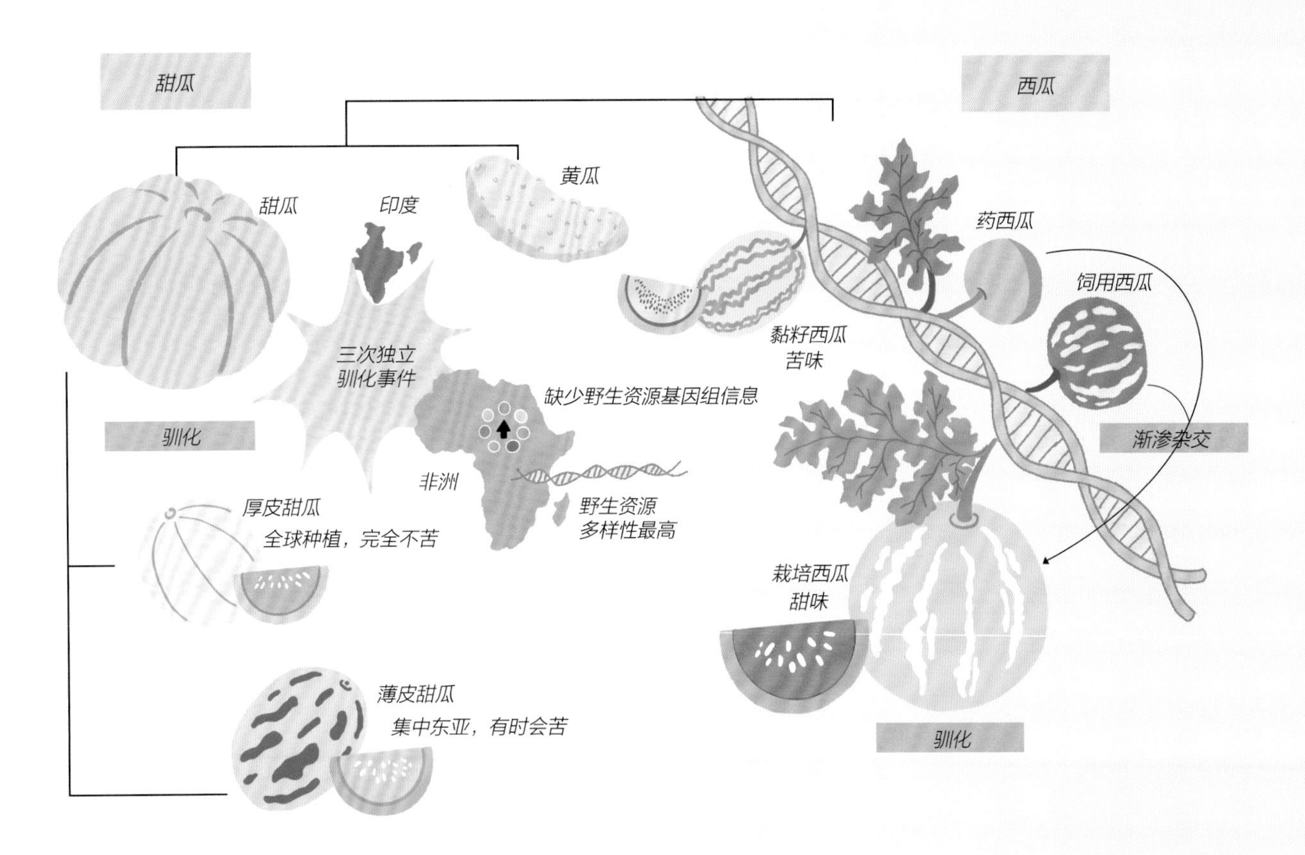

甜瓜和西瓜有什么不同？

甜瓜和西瓜都是西瓜属的植物。以野生甜瓜为基础，人类驯化出了很多甜瓜品种，大体上可以分成厚皮甜瓜和薄皮甜瓜两类。哈密瓜、网纹瓜等就属于厚皮甜瓜，而薄皮甜瓜则通常也被称为香瓜。厚皮甜瓜在全世界的种植，薄皮甜瓜则主要集中在亚洲地区。它们可能经历了不同的驯化历程，以不同的方式失去了苦味。它们可能都经历至少了三次驯化，最初的驯化发生在非洲，之后，很可能在印度分别驯化出了厚皮甜瓜和薄皮甜瓜。

分辨一下，哪个是薄皮甜瓜、哪个是厚皮甜瓜

冷知识

薄皮甜瓜和厚皮甜瓜的主要标志不是皮的厚度，而是幼瓜表面是否有茸毛：薄皮甜瓜有，厚皮甜瓜没有。

中国西北的荒漠地带有野生的药西瓜，它们是不能直接食用的。

蛇果是苹果吗?

紫红色的蛇果看起来和我们公认的苹果有点不一样，但确实是苹果。蛇果是在最近一百多年的商业化、规模化苹果品种培育中崛起的一个品系。这种苹果的卖相很好，果形略长并且带有棱角，由于底部具有五个明显的“支点”，也被称为“五爪”或者“新红星”。其名字来自于英文名“Red delicious apple”,这个名字的意思是“好吃的红色苹果”,香港的商家采用了意译和音译混合的方式,将其称为“红地厘蛇果”，后来才有了蛇果这个名字。

苹果树是一种落叶乔木，在野外可以长到 15 米高。
目前世界上约有 7500 个苹果品种。

蛇果的卖相很好

栽培苹果
学　　名：*Malus pumila*
分　　类：双子叶纲 蔷薇目 蔷薇科 苹果属
祖　　先：新疆野苹果 等
驯化时间：1 万至 4000 年前
驯化中心：中国及东南亚

新疆野苹果目前是易危物种

苹果在哪里被驯化?

苹果最初的驯化地在中国新疆和中亚地区，但是发扬光大却是后来通过丝绸之路到欧洲和地中海一带以后的事情。在那里，最初的栽培苹果和欧洲野苹果、高加索野苹果、西伯利亚野苹果等杂交，形成了更多的品种。

哪些传说中提到了苹果?

很多希腊神话中提到了苹果，比如雅典娜、阿佛罗狄忒和赫拉争夺金苹果的故事。《圣经》故事中亚当和夏娃偷食伊甸园的禁果也被认为是苹果。

不过《圣经》故事的发生地巴勒斯坦及周边地区在相当长的时间里并没有苹果栽培的。因此,《圣经》中所指的禁果在最开始的时候指是别的水果——很可能是苹果在西方文化中地位提升以后才被改编的。

著名的“红富士”苹果

苹果的果实通常在夏末或秋末（7—10 月）成熟

金冠苹果的基因组大约有57 000个，比人类（30 000个）的还多。

现在的苹果和古时候有什么不同?

因为绵苹果口感不好，到了 19 世纪，味道好且好储藏的西方苹果引入中国的时候，很快就取代了本土的绵苹果。

金冠苹果

冷知识

被切开的苹果会因为切口处的酚类物质氧化变为醌类物质而显现出褐色，但这不影响食用。

苹果籽中含有微量的氰苷，具有毒性，因此尽量不要吃。

苹果在中国古代叫什么?

中国新疆驯化出的苹果传到了中原地带后，还不叫苹果，也不够好吃。那时候苹果叫“柰”。在三国时期，文学家曹植的侄子曹叡当上皇帝后，还曾经送过曹植一箱苹果。汉代《西京杂记》中就提到了上林苑中有三种苹果：白柰、紫柰和绿柰。中国古时候的苹果可能和沙果、海棠等发生过杂交，口感比较绵软，今天也被称为中国绵苹果，是比较古老的品系。这个品系的苹果适合现摘现吃，不好储藏和运输。所以，曹叡送给曹植的苹果都有点“变色不佳耳”。

桃子上为什么会有毛?

桃子好吃，但是上面的细毛挺恼人的，如果洗不干净，弄到身上，会很不舒服。为什么别的果子表面通常都没有毛，桃子却有呢?

其实，这些毛对桃子有两方面的作用：其一，可以阻挡阳光直接照射到果实的表面，造成灼伤；其二，桃子生长成熟的季节通常降雨量很大，桃毛可以减少雨水在果实表面的积存，让果实保持干爽，防止霉烂。

有不长毛的桃子吗?

对桃子来说，毛是个好东西。但有些人对桃毛过敏，会引起浑身瘙痒等症状。如果不喜欢带毛的桃子，可以选择油桃等不带毛的品种。

桃
学　　名：*Prunus persica*
分　　类：双子叶纲 蔷薇目 蔷薇科 李属
祖　　先：桃
驯化时间：早于 8000 年前
驯化中心：中国

冷知识

欧洲人曾经以为桃子起源于波斯，拉丁语桃子的词源就是“波斯果”的意思。
在古代，桃花被视为美女的象征，这也是“人面桃花”一词的由来。
从《山海经》开始，桃就被和仙果联系起来，后来几经演变与长寿联系了起来，成为了长寿的象征。
桃仁有微毒性，不能生吃。

2018 年，中国的桃子和油桃产量占世界总产量的 62%。

桃树冬季可以耐受 -30°C ~ -26°C 的低温。

为什么有桃木辟邪的传说？

桃原产于中国，并在很早的时候就对我们的文化发生了影响。在神话传说中，夸父在逐日之后，就化身为桃林。而武王伐纣时，周人也自认为是桃的子孙。战国时，人们已经开始用桃木做人偶了。到了东汉，王充在著作中记述了一棵作为阴阳两界分隔的大桃树，也是保护阳间生物的屏障。桃木辟邪、驱鬼的作用也逐渐具象化。随着东汉末年道教的崛起，桃木也成为了法器，其制品桃符、桃印和桃木剑等也是如此。

蟠桃又称盘桃、扁桃，是桃的一个变种

桃花在三四月绽放

为什么种桃子需要嫁接？

包括桃树在内的很多果树都需要嫁接。因为直接用种子种出来的桃树，结出的果子不仅小，口感也不好。嫁接是水果栽培的一项伟大技术发明，它是将优良品种果树的枝条扦插在一般果树的砧木上，扦插的枝条长成新的树冠后，上面会结出好吃的优良品种的果实。这相当于为优良的果树迅速创造了一个“分身”。

嫁接苗定植后 1 ~ 2 年就可以开花结果

油桃

荔枝为什么要放在冰里?

福建有一棵名为“宋家香”栽培荔枝树，已经 1200 岁了。

晚唐诗人杜牧有两句讽刺唐玄宗和杨贵妃的诗句:“一骑红尘妃子笑，无人知是荔枝来”。可是为什么要如此着急地运送呢？主要还是因为荔枝比较容易变质，古时候荔枝保鲜技术不过关，有果实离枝“一日而色变，二日而香变，三日而味变，四五日色香味去矣”的说法。唐代的都城在长安，也就是今天的陕西省西安市境内，荔枝的主产区则在南方，两地相隔距离遥远，不快点的话，还真是不行的。

目前，在不冷藏的情况下，荔枝的果皮也会很快就变成褐色。所以，我们在超市看到的荔枝都是放在冰里的。

荔枝原产于中国，汉代时，人们就能吃上荔枝了

冷知识

荔枝在成熟和储运的过程中会产生少量酒精，吃荔枝后有可能会产生酒驾误报。其他水果也有这种可能，不过漱一下口就能解决这个问题——但不要错选了含酒精的漱口水。

龙眼在秋季成熟，但也有反季节龙眼，所以四季都可以买到鲜龙眼。

荔枝果肉中含糖量高达20%。

荔枝品种“妃子笑”即取自于杜牧的诗歌

为什么荔枝不能过度食用？

北宋大文豪苏轼有名句“日啖荔枝三百颗，不辞长作岭南人”。当然，这只是夸张的说法。事实上，荔枝是不能吃太多的。大量食用荔枝，会造成低血糖（引起头晕、恶心、心慌等）——荔枝中果糖和其他一些物质会使胰岛素快速升高，导致低血糖。因此，荔枝虽美味，仍要适量吃。

荔枝的果实在未成熟时是绿色的

荔枝
学　　名：*Litchi chinensis*
分　　类：双子叶纲 无患子目 无患子科 荔枝属
祖　　先：野生荔枝
驯化时间：早于 2000 年前
驯化中心：中国华南地区

龙眼
学　　名：*Dimocarpus longan*
分　　类：双子叶纲 无患子目 无患子科 龙眼属
祖　　先：野生龙眼
驯化时间：早于 2200 年前
驯化中心：中国南方及周边地区

龙眼和荔枝是同一个物种吗？

虽然荔枝和龙眼的野外分布地和主要产地都有重叠，果实也有几分相似，但是它们是不同的植物。如果细心观察，你就会发现它们的果实也有很多不同：龙眼是非常圆的黄色果实，表面很少有纹路；而荔枝果实通常更大，果形更接近草莓，表面也有龟甲状的纹路。此外，龙眼的果皮一般比荔枝好剥多了。

龙眼有亚荔枝、荔枝奴的别名

驯化漫谈

动物会驯化其他物种吗? 56

为什么动物的病会传染给人? 58

驯化让人类得到了什么? 60

动物会驯化其他物种吗？

驯化是人类文明的基石之一，从肉眼不可见的微生物到日常接触的动植物，我们已经驯化了和正在驯化数不清的物种。但从某种意义上来讲，人类并不是掌握了驯化能力的唯一物种。自然界中的一些特殊的共生现象，看起来也像是某种驯化活动，至少从某种意义上可以这样认为。

科学家认为切叶蚁和真菌演化出这样的共生关系需要 3000 万年

动物也有“农业”吗？

生活在美洲地区的高等切叶蚁，会从植物上裁下叶子，然后搬运回巢穴中，将叶子咀嚼后制成培养基，用来培养真菌。这些真菌的菌丝体可以被用来吃或喂养幼虫。

高等切叶蚁建立了非常庞大的巢穴体系并且拥有细致的分工，巢穴中生活的数百万只蚂蚁各司其职。它们使用世代传承的菌种，拥有专业化的种植技术，并用自身分泌的化学物质杀灭杂菌——这一切看起来很像人类的农业社会。

动物“喜欢”培养微生物还是植物？

一些动物会种植物，比如一些在树上用泥筑巢的蚂蚁，会将植物种植在自己的巢上，形成小小的“蚂蚁花园”。但大多数动物在选择培育对象的时候，更倾向于微生物。

这样的例子很多，树懒毛发间“培育”的绿藻，切叶蚁菌园里的真菌，又或者在深海热液喷口附近生活的雪人蟹——它们的前爪（螯肢）上长满了浓密的毛，将细菌养在毛茸茸的螯肢上，并缓慢摆动螯肢更新水流以便于细菌生长。相比植物，很多微生物不需要阳光，可以生活在动物黑暗的巢穴里。微生物不需要土壤，生长周期更短，产量大还易于切割、搬运和守卫。多数动物的体型都不太大，打理植物比较困难。因此，更多的动物“选择培养”微生物。

雪人蟹以前螯上培育的细菌为食

蚂蚁和它们的蚜虫“牧场”

我们人类和驯化的动植物之间也是“共生关系”呢

冷知识

一些切叶蚁不收集新鲜的树叶，而是只用自己的粪便和落叶等森林垃圾培育真菌。

白蚁还会养蘑菇？

鸡枞菌是很有名气的美食，不过目前还不能完全人工栽培。很多鸡枞菌都是从野外采摘回来的，它们来自白蚁的巢穴。

鸡枞菌正式的名字是蚁巢伞，是土栖白蚁在巢穴里培育的真菌，是白蚁们重要的食物来源。如果打开土栖白蚁的巢穴，你看到很多细小的白点，它们就是单根营养菌丝的末端形成的无性小孢子球——白蚁们就吃这个。与切叶蚁只分布在拉美地区不同，土栖白蚁分布在全世界的热带和亚热带地区，并且会在一些地方形成高大的白蚁山。它们建造白蚁山很大的原因就是为了调节巢穴的内部气候，好培育真菌。

今天，我们也在试图培育这些真菌，以便可以获得更多的鸡枞菌，丰富人们的餐桌。

有鸡枞菌的地方往往下面就有白蚁巢

为什么动物的病会传染给人？

人类也是动物，能够感染动物的病原体一旦适应了人体的环境，就有使人生病的可能。不过由于“物种屏障”，多数动物病原体并不能很好地识别人体细胞或适应人体内的环境。所以，多数动物疾病不会感染人。

艾滋病毒大约在20世纪20年代从黑猩猩传到了人类

哪些动物更可能传染疾病？

那些和人类近缘的动物更有可能将疾病传染给人，它们自身也容易被人传染疾病。例如，和我们关系最近的灵长类虽然只占脊椎动物种类的0.5%，却向我们输送了20%的传染病。

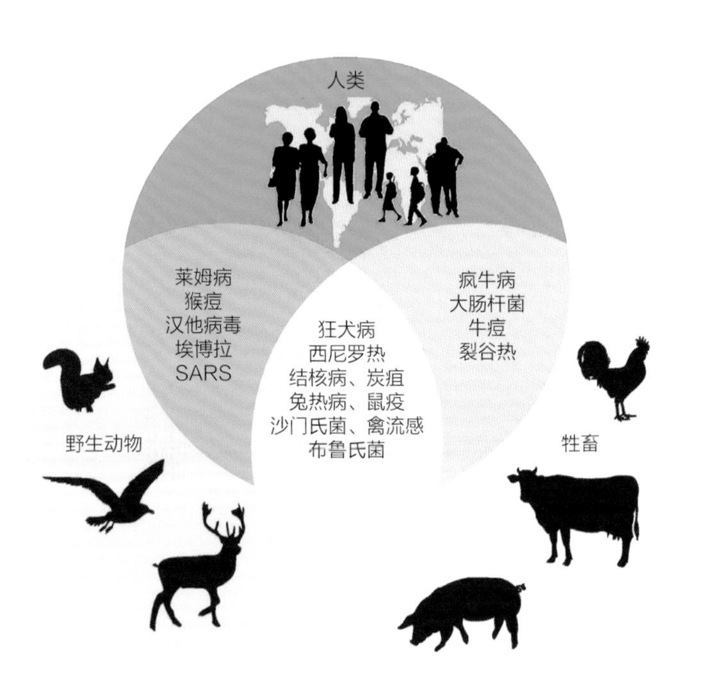

驯化的动物会传染疾病吗？

由于和家养动物的长期接触，我们还是面临来自它们的一些疾病或者寄生虫的威胁，如禽流感、狂犬病、各种细菌感染、弓形虫病、绦虫病等。但这并不全是坏事，如感染人的牛痘病毒可以帮人抵御天花，也正是它开启了人类的疫苗时代。

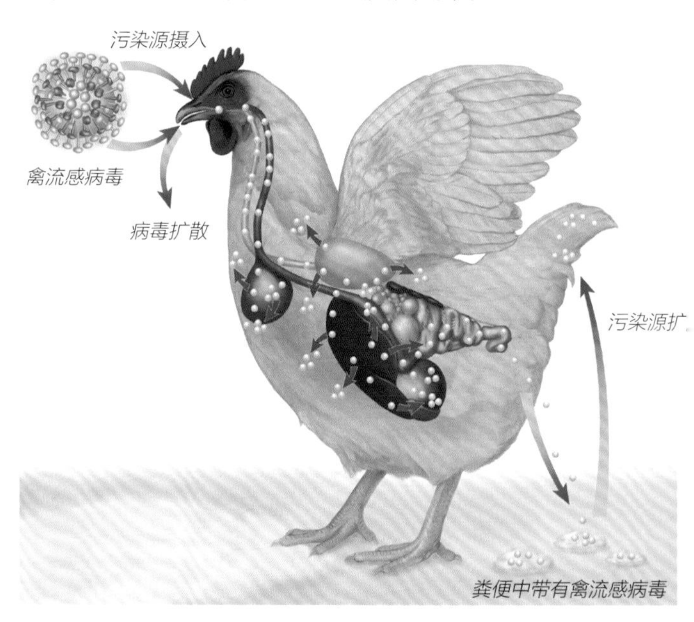

禽流感是一种什么病？

所谓“禽流感”，它的构词与“猪流感”“狗流感”“人流感”等是一致的，就是指适合在特定的动物群体中传播的流感。这不意味着只有鸟类能够患禽流感，但禽流感更容易在鸟类中传播。禽流感不易传染给人，人传人则更为罕见，但要防止其突变后增强了对人的感染性。

流感的全称是流行性感冒，它是由流感病毒引起的。这类病毒目前有甲乙丙丁四型，其中以甲型和乙型流感病毒威胁最大。全世界范围内，每年有25万~50万人死于流感及其引起的并发症。疫苗是防护流感病毒的有效手段，但由于流感病毒变异快、类型多，疫苗成分每年都需要根据预测进行调整——因此，每年都要重新接种。

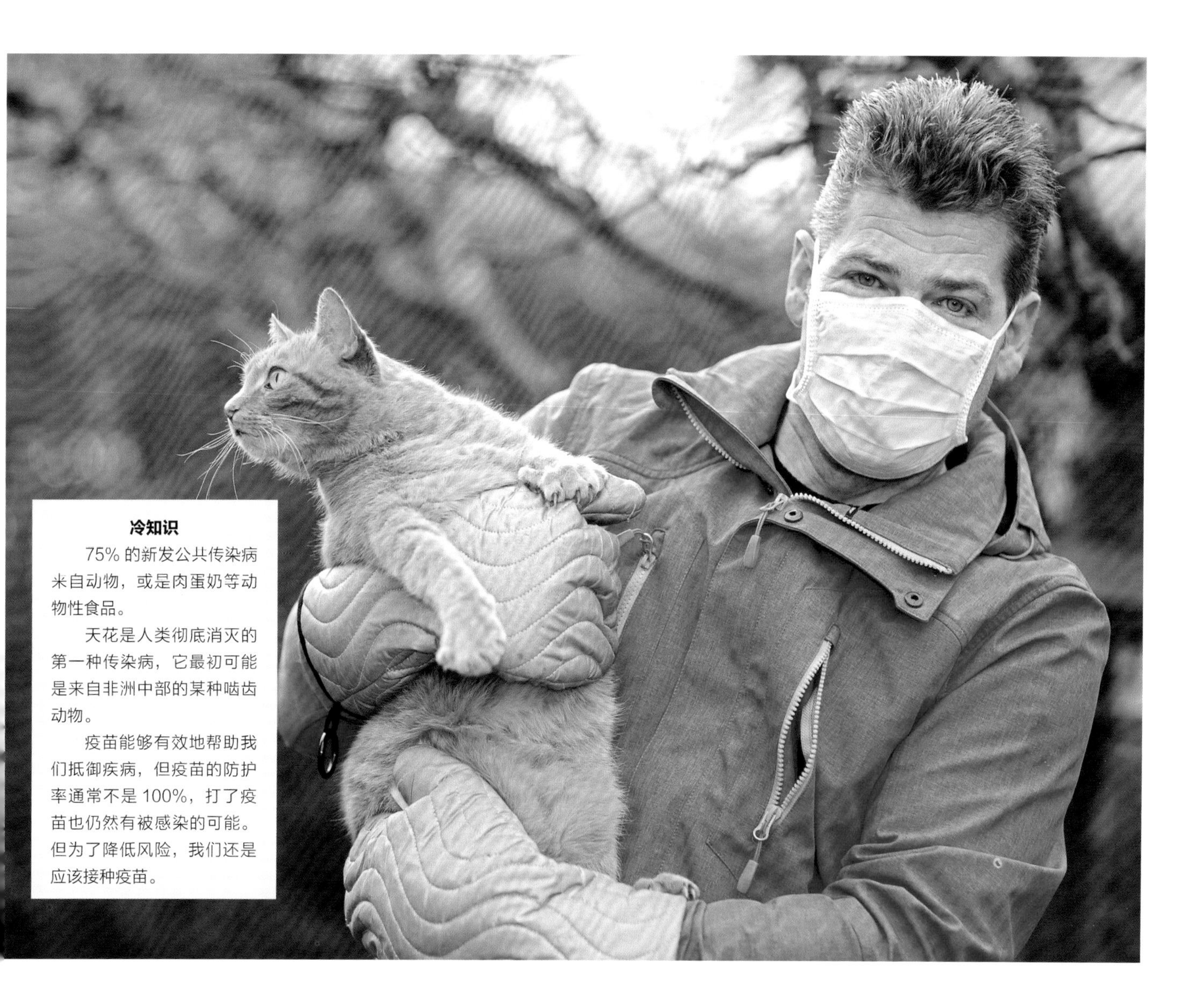

冷知识

75% 的新发公共传染病来自动物，或是肉蛋奶等动物性食品。

天花是人类彻底消灭的第一种传染病，它最初可能是来自非洲中部的某种啮齿动物。

疫苗能够有效地帮助我们抵御疾病，但疫苗的防护率通常不是 100%，打了疫苗也仍然有被感染的可能。但为了降低风险，我们还是应该接种疫苗。

为什么非洲猪瘟能造成那么大的影响？

非洲猪瘟是由病毒引起的烈性传染病，能够在野猪和家猪中传播。1921 年，它首先在肯尼亚被记录，并在撒哈拉以南的非洲流行，20 世纪 50 年代扩散到欧洲和拉美国家，但发病范围仍然较局限。进入 21 世纪以来，它的发生范围明显扩大。2018 年，非洲猪瘟在中国发生，并在一年之内遍布中国全境。经过有效防控，现在非洲猪瘟在中国已经受到控制。

非洲猪瘟会引起家猪的急性出血和死亡，一旦发生，往往会引起整个养猪场的重大损失。染病的猪也不能上市，需要报请有关部门进行无害化处理，很多时候还要对整个养猪场存栏的生猪进行销毁。因此，一旦大面积发生，养猪业就会被重创，会出现猪肉供应不足——这也是非洲猪瘟流行期间猪肉大幅度涨价的原因。

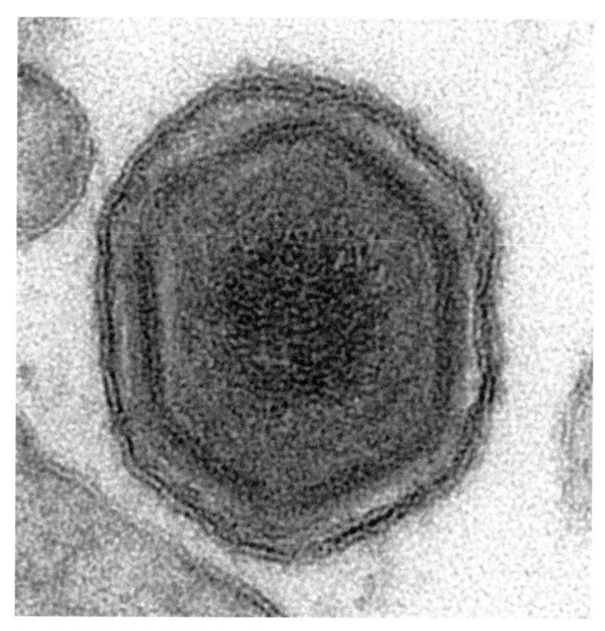

电子显微镜下的非洲猪瘟病毒

驯化让人类得到了什么？

人类与类人猿有一个重大的区别就是，人类文明的出现，在某种程度是基于对物种的驯化上面的——栽培作物的出现为农业奠定了基础并催生了村庄，而动物的驯化则是畜牧业的前提，每一个关键物种的驯化成功都会深远地改变我们的生存状态。

● 早期驯化中心（距今 8200 年以前） ● 中期驯化中心（距今 8200-4200 年前）
○ 主流学术界认可的独立驯化中心 ● 生物地理推断的驯化热点地域 ∵ 最初传播线路

全世界有哪些驯化地？

从 1 万多年前开始，伴随着人类文明的大发展，我们也进入了驯化的时代，古两河流域、古印第安文明和古中国都出现了早期的驯化中心。由于中华文明一直传承不断，所以中国从黄河流域到长江流域的独立驯化中心地位时间跨度长、驯化物种多，为人类文明的发展作出了突出贡献。在本书中有很多这样的例子，你可以试着归纳总结看看。

为什么驯化动物没有野生的那么活跃？

驯化动物，在结构、生理和行为等诸多方面已经不同于它们的祖先。我们在它们身上看到了很多相同的变化，比如很多驯化动物的大脑减小，学习能力减弱，警觉性降低。它们有的不再识别自己的后代，也抛弃了复杂的求偶行为，甚至没有了繁殖季节——良种母鸡每天都能下一个蛋。

人类并没有完全驯化蜜蜂

猪的行动没有它们祖先那么敏捷，但它们并不笨

人类是在自我驯化吗?

你可以这样理解。农业和畜牧业的出现，也改变了人类自己的食物结构和生活习惯。从狩猎采集到农业生产，食物的多样性降低了。尽管有了驯养动物，肉类所占的比重仍然逐渐降低了，从大约距今 1 万年开始，这种改变显著起来。食物的简单化和植物性食物比例的增加，降低了人类的营养水平，人的体型变得不如原来那么强壮。

同时，随着社会关系在生存中变得越来越重要，人类祖先通过仪式、裁决或者法律，逐渐清除那些有强烈对抗性和攻击行为的个体——后者更容易因为暴力而犯下侵害他人的错误；人们也更倾向于推崇那些能够在一起共同工作的人，无论是出于社群生活还是共同保卫家园。这些基于文化而对人的选择，实际上也作用在了基因的层面：削减或剔除了某些基因，而强化了另一些基因，从而改变了人类整体的基因组成。这也是基因—文化的协同演化。

驯化让物种退化了吗?

驯化物种如何变化取决于人类的需要。以动物来说，人们首先选择的是那些温顺的动物，或者说，对人攻击性小也不害怕人类的非敏感型动物——这实际上是病，这些动物的神经脊发育存在缺陷。神经脊是动物胚胎发育过程中的一个结构，它参与神经系统的形成。在发育中，神经脊细胞会迁徙到不同的组织器官中帮助发育。

下颌和牙齿较短、卷曲的尾巴、下垂的耳朵、幼体化、带有白斑的皮毛等都恰好能够受到神经脊的影响，这些特征在很多家畜中都有体现。当然，神经脊缺陷也会造成脑子变小，而且它还将导致一个结果——肾上腺体积较小，活性较弱。而肾上腺正与情绪有关，一个肾上腺不活跃的动物，很少会做出过激的举动。

猎犬下垂的耳朵是驯化的结果

虎皮鹦鹉是从 19 世纪 50 年代开始被驯化的

图书在版编目（CIP）数据

驯化的力量 / 冉浩著. —上海：少年儿童出版社，2023.1

（十万个为什么 . 少年科学馆）

ISBN 978-7-5589-1484-3

Ⅰ. ①驯… Ⅱ. ①冉… Ⅲ. ①驯化—青少年读物 Ⅳ. ① Q958.1-49

中国版本图书馆 CIP 数据核字（2022）第 225149 号

十万个为什么·少年科学馆

驯化的力量

冉　浩　著

施喆菁　整体设计

施喆菁　装帧

出版人 冯　杰

策划编辑 王　音

责任编辑 刘　伟　美术编辑 施喆菁

责任校对 黄　蔚　技术编辑 谢立凡

出版发行 上海少年儿童出版社有限公司

地址 上海市闵行区号景路 159 弄 B 座 5-6 层　邮编 201101

印刷 镇江恒华彩印包装有限责任公司

开本 889×1194　1/16　印张 4.5

2023 年 1 月第 1 版　　2024 年 3 月第 3 次印刷

ISBN 978-7-5589-1484-3 / N · 1226

定价 32.00 元